サムネイルデザインのきほん

伝える、目立たせるためのアイデア

瀧上園枝 著

はじめに

　動画のストリーミング配信が可能になり、また大容量の通信も一般的になった現在、サムネイル画像の役割はさらに広がっています。コンテンツの内容を要約表示するという従来の目的に加え、コンテンツ本体を魅力的に見せるための広告ツールとしての役割も担うようになり、**サムネイル画像はより多くの場面で必要とされるようになりました。**

　しかし、活躍する場は増えているのに「サムネイルの制作にこだわった」といった声はあまり聞こえてきません。コンテンツ本体の制作に時間はかけても、サムネイルはちゃちゃっと作る……。いえいえ、**サムネイル画像こそ時間をかけて作り込む必要があるのです。**なぜなら、サムネイル画像の方が人の目に触れる機会がずっと多く、その誘導により本体コンテンツの閲覧数も伸びるからです。

　本書は、コンテンツの閲覧者を増やしたいと願っている制作現場の方へ、サムネイル画像の魅力と重要性をわかっていただきたいと思いながら書きました。**デザインの基本的なセオリーや理論をサムネイル制作で活かすにはどうしたら良いか、そんなヒントを詰め込んでいます。**本書が効果的なサムネイル画像を必要としている方々の、一助となりますことを願っています。

2023年3月　瀧上園枝

Contents

Chapter 2　配色・文字のきほん

Chapter 3　形・イメージのきほん

Chapter 4　タイプ別サムネイルデザイン

Appendix　おすすめ情報

Introduction

サムネイルデザインの基礎知識

thumbnail（＝親指の爪）という小さいスペースでコンテンツの魅力を表現する

YouTubeやTikTokなど多くのコンテンツが並列されているサイトで、実際にその内容を閲覧しなくてもそのコンテンツの概要がわかるようなサンプルの画像を「サムネイル」といいます。サムネイル（thumbnail）とは、もともと親指の爪という意味の英語です。親指の爪ほどの小さな領域でコンテンツの魅力を表現する必要があるのです。

多くのコンテンツがあふれている昨今では、どれだけ閲覧者を獲得できるかはとても難しい課題です。コンテンツ自体が貴重な情報であるとしても、そのことを伝えることができなければクリックにはつながりません。サムネイル画像を用意することで、それぞれのコンテンツの魅力を端的に発信することができるのです。

動画サムネイルの表示イメージ

通販サイトの商品画像もサムネイルのひとつ

　通信販売サイトに掲載されている商品画像も、サムネイルのひとつです。仕事用の椅子が欲しいと思っているときに「オフィスチェア」という文言だけでは、なかなか購入のためのクリックにはつながりません。実際にその商品の写真があり、欲しい椅子のイメージに近ければクリックする可能性が高くなります。

　通販サイトでの商品画像は、その商品の魅力が伝わるように角度や照明などにこだわって撮影された場合が多いでしょう。右図は書籍の通販サイトですが、書影は商品画像のサムネイルとして完成されたものです。コンテンツのサムネイル画像も同様に魅力が十分に伝わるようにこだわって制作すれば、より多くの閲覧者獲得へつながります。

同じデザイン要素でバナーに展開することもできる

　完成度の高いサムネイル画像を準備することで、同じビジュアル要素をバナーとして展開することも容易にできるようになります。より多くの人に見てもらうために、誘導バナーを設置することは効果的です。バナーはそれぞれのサイトの掲載要件に合わせていろいろなサイズを用意する必要がありますが、しっかりとしたサムネイル画像を用意しておけば、多くの種類へのサイズ展開も容易に行えるでしょう。本書のP.159〜179ではさまざまなサイズのバナーに展開した例を掲載しています。ぜひ参考にしてください。

サムネイルのサイズ

各サービスによってサムネイルのサイズや縦横比が異なる

「サムネイル画像」とまとめていても、それぞれのサイトやサービスによって必要とされるデータの仕様は異なります。代表的なサービスのサイズ（単位はpx＝ピクセル）と縦横比について図を掲載していますが、このようにサービスによってサイズや縦横比が異なっているのです。

本書では、基本的にYouTubeのサムネイル画像を想定してデザインを紹介しています。YouTubeのサムネイル画像は「幅1280px × 高さ720px」のサイズが推奨され、比率では「16:9」となります。画像の比率が異なる場合は、アップロード後に自動的に空き領域が塗りつぶされるなど、意図しない外観になる場合がありますから注意が必要です（各仕様は2023年2月現在のものです）。

> **YouTubeサムネイル**
> **1280 × 720**
> **16：9**

YouTubeでは、サムネイル掲載時に画像の四隅が角丸になる場合があります。また、画像の右下エリアに動画の再生時間が表示される仕様になっているので、タイトル文言などの重要な情報がこのエリアに被らないように注意が必要です。

TikTok
および
Instagram
ストーリー
1080 × 1920
9：16

Instagram縦長
1080 × 1350
4：5

Instagram横長
1080 × 566
1.91：1

Facebook
1200 × 628
1.91：1

Chapter 4で紹介するバナーのバリエーション

Chapter 4（P.159〜179）では、サムネイルを5種類の異なるサイズのバナーに展開した場合のデザイン例を掲載しています。サムネイル画像を制作した際のデザインのポイントを理解していれば、ほかのサイズへ展開することも容易です。写真のトリミングや処理、全体のコントラストの強さなど、サムネイル画像での基本的なデザイン設計をそのまま踏襲することで、統一感のあるバナーを制作することができるでしょう。

ワイドスカイスクレーパーバナー
160 × 600

バーティカル
ポップアップ
バナー
240 × 400

ポップアンダーバナー
720 × 300

ミディアム
レクタングルバナー
300 × 250

モバイル用バナー
320 × 50

目的によって デザインは変わる

動画の内容をストレートに表現するデザイン

　サムネイル画像をどのようなデザインにするか、それはどのような目的で動画を公開するのか、動画コンテンツの制作目的やターゲットとする閲覧者像によって変わります。そのため「こうすれば正解」というすべてに当てはまるセオリーは存在しません。動画コンテンツの内容を吟味し、その目的に合わせてデザイン設計を行うことが大切です。

　ゲーム実況など動画の「ビジュアル」自体に価値がある動画では、その動画から特徴的な場面を切り出して使用します。一目で該当するゲームがわかるような外観にすることで、そのゲームのユーザーにアピールすることができます。ダイエット系、ペット系もそれぞれ動画の内容をストレートに表現したデザインが適しています。

ゲーム実況動画のサムネイルなどでは、動画から特徴的な場面を切り出してメインのデザイン要素にします。

ダイエット系動画のサムネイルなどでは、動画の内容をストレートに表現したデザインを心がけます。

使用する画像の特性に合わせたデザイン

　料理や観光地の紹介など、対象となる被写体のシズル感や美しさを特に強調したい動画のサムネイルでは、可能であれば動画とは別に静止画として対象物の画像を撮影したいところです。あらかじめ構図を考慮した静止画像を準備したら、その画像の色味や構図を活かしたデザインに構成します。

シズル感とは、瑞々しさや美味しさなどの感覚を表すデザイン用語です。シズル感を強調する場合は、動画とは別にサムネイル用の静止画を撮影することもあります。

企業イメージやブランドイメージに合わせたデザイン

　サムネイル画像がひとつの動画への誘導の役割だけでなく、企業やブランドのイメージ訴求を担う場合もあります。このような場面では、その企業やブランドの持つイメージを強固にするための素材としてサムネイル画像も考える必要があります。使用する色やフォントなども、企業・ブランドイメージに合致するものからの選定が必要です。

企業やブランドのイメージに合わせ、あえて背景画像の明度を下げるという手法もあります（P.158参照）。

商品などの特徴を伝えるデザイン

　商品やサービスの紹介動画のサムネイルでは、商品の特性や特徴をサムネイル画像でも伝えることで、その商品への興味を引きクリックへつなげることができます。特徴的な機能やセールスポイントをキャッチコピーとして掲載したり複数の写真画像で構成するなど、より詳細な情報をサムネイル画像で提供するようにデザインします。

サムネイルデザインの表現手法は動画だけでなく、通販サイトの商品説明画像にも応用できます。

サムネイルの作り方

デザインのラフスケッチをして全体のデザインイメージを決める

動画を公開する目的やターゲットとする閲覧者像などを検討してサムネイルデザインの方向性が定まったら、実際に画像の制作に入ります。最初に全体の構図を定めるためのラフスケッチを描きます。最終的に制作する画像の縦横比に合うように準備しましょう。ラフスケッチを描きながら、「軽快な印象にしたい」「信頼感をアピールしたい」など訴求したいデザインイメージも決めておきます。また必要に応じて画像に効果を適用したり切り抜いて使用するなどの処理を検討しておきます。

さらに動画に興味を持ってもらうためのキャッチコピーも用意しておきます。動画の魅力が伝わるように、かつターゲットとする層に受け入れられやすい文言にします。

構図を定めるためのラフスケッチを描きます。

全部見せます！新しい「ハマニシ」

 来て、見て、知って！新しい「ハマニシ」

気軽に来てね！横浜西校、オープンスクール

新しいハマニシに、遊びに来て！

サムネイルに入れるキャッチコピーを検討します。

使用する画像を準備する

　ラフスケッチで全体の構図が決まったら、画像素材を準備します。必要があれば動画から静止画としてシーンを切り出して利用します。動画とは別に、サムネイル用に撮影画像を準備しておいても良いでしょう。実際の作業は、Adobe Premiere や Adobe Photoshop などの編集ツールを使用すると効率よく行えます。

動画から静止画としてシーンを切り出すか、サムネイル用に撮影します。

サムネイルの仕様に合わせたサイズで画像を調整する

　用意した画像全体のサイズをサムネイルの仕様に合わせて調整します。さらにラフスケッチや最終的なデザインイメージをもとに、必要に応じて不要な部分をカットする「トリミング」を行います。また人物などの被写体を切り抜きで使用したいときは、背景から切り抜いた状態にしておきます。

画像をサムネイルのサイズに合わせたら、トリミングや切り抜きなどの加工を行います。

全体の配色を決めて構成する

　描いておいたラフスケッチをもとに、動画のタイトルやキャッチコピー、用意しておいた画像など必要な素材をすべて組み合わせて全体を構成します。文字や背景パーツなどで使用する色は、「軽く見せたい」「クールにしたい」「信頼性を高めたい」など最初に考えておいたデザインイメージをもとに決めます。

ラフスケッチをもとにデザインを完成させます。

写真画像をぼかす

　訴求したいデザインイメージに合わせて、さまざまな効果を取り入れて表現することが大切です。必要に応じて写真画像をぼかすことも、デザインイメージを表現するための手法のひとつです。一部をぼかすことで遠近感を表現したり、特定の要素だけを強調することができます。ぼかされていない部分が強調され、ストーリー性を出すことができます。

必要に応じて写真画像をぼかすこともあります。

不透明度を下げて半透明にする

　要素の不透明度を調整することも、デザイン処理の方法のひとつです。ラフスケッチに合わせて構成する際、タイトル文字など前面の要素の圧迫感が強く出てしまったときには、要素の不透明度を下げて背景の画像を透かして見せることで圧迫感が解消されます。背景が写真画像の場合、写真画像を完全には隠さずにほかの要素を組み合わせることができます。

不透明度を下げると背景画像を透かして見せることができます。

角度をつけるアレンジをする

　躍動感を表現したいときには、レイアウトしている要素に角度をつけて斜めの状態にするなどのアレンジをしても良いでしょう。キャッチコピーだけ斜めにレイアウトすればアクセントになります。また書籍紹介の動画の場合は書影画像に角度をつけてレイアウトすることで、存在感を強く出すことができます。

角度をつけて斜めにすることで動きがでて、視覚的なアクセントになります。

罫線で囲む

特に写真をきれいに見せたいファッション系や観光地紹介などのサムネイルでは、写真をより魅力的に見せるために罫線を利用する方法もあります。写真に罫線を追加することで「デザイン処理されている」印象が加えられ、視線を留める効果があるのです。直線だけでなく飾り罫などを利用しても写真の印象が強くなるでしょう。

罫線を利用すると「デザイン処理されている」印象を加えることができます。

フォントを決める

フォントはサムネイル画像全体のイメージを決める重要な要素です。同じ文言でもフォントが異なると与えるイメージは大きく変わります。表現したいデザインイメージに合わせて最適なフォントを選択する必要があります。サムネイル画像の制作を担当するときには、より多くの種類のフォントを覚えておくことも必要になります。

フォントが異なるとイメージは大きく変わります。

表現したいデザインイメージに合わせて最適なフォントを選択します。

各サービスの仕様に合わせたファイル形式で保存する

仕上がった画像は、各サービスの仕様に合わせたファイル形式で保存します。YouTubeやInstagramなど、それぞれのサービスによって使用可能なファイル形式が異なりますから、注意が必要です。また画像の仕様として、ファイル容量の上限が決められている場合もあります。制限を確認して画像を保存しておきましょう。

本書の目的と見方

サムネイル画像の完成度を高めて、動画の閲覧数アップを目指す

　YouTubeやTikTokなどネット上には数多くの動画投稿サイトがあり、それぞれのサイトには膨大な数の動画が掲載されています。その中から自分の動画をクリックしてもらうのは、とても難しいことです。でも動画本体を見てもらわなくても、サイトの訪問者に接触できる方法があります。それがサムネイル画像です。サムネイル画像は自分の動画の魅力を伝えるための、いわば看板となってくれる存在です。サムネイル画像の仕上がりが、動画本体を見てもらえるかどうかに直結しているのです。

　数多く並ぶサムネイル画像から自分の動画をクリックしてもらうには、動画の魅力が十分に伝わるように目的に合わせてデザインのポイントを理解した表現をすることが必要です。本書のChapter 1〜3では、OK作例とNG作例を見るだけでデザインのポイントがわかるように構成しています。豊富なデザインアイデアやバリエーション、わかりやすく書かれた解説記事から、デザインに関する知識を深めることができます。

　Chapter 4では頻出ジャンルのサムネイルデザインを掲載しています。Chapter 1〜3でご紹介したデザインのポイントをベースに、実践的なサムネイルデザイン例を見ることができます。同一デザインを異なるサイズバナーに展開するサンプルも掲載していますから、動画への誘導バナーが必要な場合のアイデア源ともなるでしょう。動画の閲覧数アップを目指したサムネイル画像の完成度向上のために、本書を活用してください。

2-1 見えないと意味がない ··· 064

▶Design Point 明度

Chapter 1〜3ではサムネイル作例に
目次と同じタイトルが入っています。

デザインを理解するための
ポイントを3つにまとめてあります。

サムネイルのデザインで重要となる
デザイン用語などを記しています。

同じコンセプトのバリエーションや
デザインアイデアを掲載しています。

NG作例を掲載しています。上の作例と見比べて
デザインのポイントを確認できます。

解説本文ではデザインに対する考え方や
表現手法などを詳しく説明しています。

必要なページにはデザインに関する
図解を入れてあります。

「やってみた」系動画 のサムネイルデザイン

Design Point アイキャッチとして人物のイメージを挿入

「やってみた」系の動画サムネイルは、アイキャッチとして人物のイメージを挿入すると効果的です。写真はイラストのどちらかでも良いので、「この動画の向こうに誰かが存在している」ことを訴求することで、閲覧した人の目に留まりやすくなります。実際に動画に歌っている本人ではなくイメージモデルの写真画像を使用するときには、トリミングを工夫すると（P.54参照）、人物本人の印象を抑えながらインパクトを強めることができます。

またタイトル文字をあえてエリアからはみ出すように大きく表示し、切り抜きにして使用し

人物のトリミングや文字の挿入が平凡な構成では、強い印象を与えることができません。

ている人物の写真画像と重なるようにレイアウトすると、領域内に奥行きを感じさせることができます。立体的な印象でより目を引く構図になります。

ゲーム実況系動画 のサムネイルデザイン

Design Point ゲームのイメージに合わせた雰囲気を再現

ゲーム実況系の動画サムネイルでは、ゲームのイメージに合わせた雰囲気を再現することで、そのゲームに興味のある人を引きつけることができます。楽しいゲームなら楽しさ、ホラー系なら怖さ、アクション系なら激しさが伝わるように構成します。ゲームの画面イメージを利用する場合は、発売元のゲーム会社が許可しているかどうかをあらかじめ確認しておきます。

ゲームの画面イメージを使用する場合は、他の情報が多くなる過ぎないように注意が必要です。全体を囲む輪郭線を追加したり、コントラストを高めた色の帯を入れたり

読み幅と色の帯を取ってしまうと、タイトル文字がゲームの画面イメージの中に埋もれて弱い印象になってしまいます。

するなど、はっきりとしたアクセントを加えます。また縁取りを追加してタイトル文字が読みやすくなるような処理をしても良いでしょう。

Chapter 4では目次と同じタイトルがこの位置に入っています。

P.159～179ではサムネイルと同じデザイン要素で作ったバナーのサイズバリエーションを掲載しています。

キャンペーン のサムネイルデザイン

Design Point 写真を使わない場合は構図を工夫する

商品やサービスの写真要素がない文字だけで構成するキャンペーン告知画像は、レイアウトに工夫を加えて単調に見えないように構成します。

シンメトリー（左右または上下が対称）な構図ではなく、日の丸構図（P.42参照）や三分割構図（P.40参照）など視覚的に変化のあるレイアウトにすると、文字だけでも変化を強くすることができます。

シンプルに見せたいなど特別な理由がない場合、写真画像がないサムネイル画像では、文字だけのシンメトリー構図は退屈な印象になってしまいます。

また影響を加えたり（P.50参照）、イラスト要素にシャドウ（Adobe Photoshopなどのアプリケーションでは「ドロップシャドウ」という機能名）を加えたりするなど、奥行きを感じさせるような構成も全体の印象に深みを与え、文字だけの構成でも物語性のある画像に仕上げることができるでしょう。

Chapter **1**

構図・レイアウトの
きほん

☑ 大きい小さいというサイズは相対的なもの

☑ 要素の大小の差を「ジャンプ率」と呼ぶ

☑ ジャンプ率が大きいとドラマチックで印象的になる

▶Design Point　ジャンプ率

あるものが大きいか小さいかという判断は、相対的なものです。同じようなサイズ感で要素を並べるより、強調しなくても良い要素を小さく配置してメリハリをつけることで、目立たせたい部分の印象を強められます。要素のサイズの差は「ジャンプ率」とも呼ばれ、**ジャンプ率が大きいほどドラマチックで印象的な構成になる**のです。

文字のレイアウトでメリハリをつけたいときは、サイズの違いだけでなく、フォントの太さも利用しましょう。同じフォントファミリーで太さの違うものを使用すれば、全体の統一感を保ってメリハリをつけられます。

同じサイズ・太さの文字でタイトルをレイアウトすると、全体の印象が弱くなります。

ジャンプ率を上げて力強い印象にする

タイトルを極端に大きく、リードの文章は小さめにしてジャンプ率を上げて構成すると、動的でドラマチックなイメージを演出できます。

今を生きるための
新社会人
セミナー

参加無料

目まぐるしく変化するこの時代に
新たな一歩を踏み出す方々へ。
充実した毎日を送るために
大切なこととは？

2025年3月開催
事前登録受付中！

同一フォントファミリーで統一感を保ちながら印象を強める

細字や太字などウエイト（太さ）のバリエーションが豊富なフォントを使用すると、統一感を保ちながら強調したい文字の印象を強められます。

FONT　FAMILY
FONT　FAMILY
FONT　FAMILY

文章内でメリハリをつける

ひとつの文章の中でも、文字のサイズや太さを変えることで強調したい部分の印象を強められます。価格や日付表記では、数字の部分だけサイズを上げると、値段や日付が強調されます。

期間限定 **1,980**円

2023年**6**月**18**日

- ☑ 要素が近接すると緊張感が生まれる
- ☑ 人の目は密集した緊張感に引きつけられる
- ☑ 要素をカタマリとして演出して視線を集中させる

Design Point 　密集による緊張感

　ポツリポツリと離されているより、要素同士が近接した状態にあるとそこに緊張感が生まれます。**人の視線は、密集したものの緊張感に自然と引きつけられる**のです。要素がひとつのカタマリとして捉えられるように近接させてレイアウトすると、視線を集中させ強調することができます。

　複数の要素をカタマリとして見せるには、近接させるほかに全体を囲むような罫線の利用、背面に色を敷くなどの方法があります。またレイアウトエリア内に余白を作って密度の差を出すと、カタマリとの対比でより強く視線を集中させることができます。

全体に密度を均一に構成してしまうと、視線が分散してどの要素にも目を留めさせることができなくなります。

円形の罫線を
補助として利用する

円の罫線を利用すると、サイズが異なる複数の要素もひとつのカタマリとして見せることができます。

帯のように
背面に色をひいて
コピーを強調する

複数行の文章をひとつのカタマリとして見せたいときは、背面に帯のように色を敷くことも方法のひとつです。

長方形の罫線を利用する

長方形の罫線も、複数行の文章をひとつのカタマリにまとめたいときに便利です。長方形をアレンジしてカギ括弧のように見せても良いでしょう。

スタートしないと、
ゴールできない。

スタートしないと、
ゴールできない。

視線を捕まえるアイキャッチ

☑ 背景と絵柄に明暗や色彩のコントラストを作る

☑ 「疎」と「密」を作った配置で密集をアイキャッチにする

☑ 視線を集めたいエリアのデザインを作り込む

Design Point　コントラストとアクセント

　人の視線を捉えるには、背景と図の関係で、明暗や色彩のコントラストがあることが必須です。その上で、要素がまばらな「疎」の領域と要素が密集している「密」の領域を作り、要素の配置でもコントラストを作り出します。密集しているものに人の視線は自然と引き寄せられますから、要素を密集させてレイアウトすると、密集部分がアイキャッチとなり視線を誘導できます。

　コミックで頻繁に使用される「集中線」も、注目を集めたい部分に向かって線が密になるように構成したものです。**アクセントとなるアイコンやイラストを配置するなど、視**

視線が捕まらないアイキャッチ？

領域全体の密度が均一で特定のエリアに「密」がない構図では、視線が定まらず強調したい文言も印象に残らなくなってしまいます。

線を集めたいエリアのデザインを作り込むことで「密」を演出すると、自然に視線を捕まえられます。

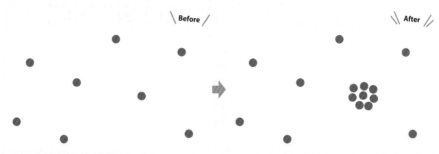

\ Before /   \\ After //

全体的に均一な配置

視線を捕まえるには、地（背景）と図（絵柄）のコントラストが保たれていることが必要です。ただし、全体に均一な配置になっていると、特定の要素に視線を誘導することはできません。

「疎」と「密」を作った配置

コントラストが強いものに人の視線は引きつけられます。要素の配置を調整して「疎」と「密」を作ることで、要素が密集したエリアがアイキャッチとなって視線を誘導できるようになります。

中央にタイトル文字を近接させて配置し、アイキャッチとしています。円形のエリアをタイトル文字内でのアイキャッチとして配置することで、視線を強力に集める構成になります。

文字に葉のイラストを組み合わせてタイトルを「作り込んだ」状態にすると、タイトル文字全体がアイキャッチの役割になります。

☑ 人が記憶に留めておける情報には限界がある

☑ 無理に情報を詰め込むと、どの内容も印象が薄くなる

☑ 訴求したい内容は1〜2個に絞って表現する

Design Point 要素を絞る

　サムネイル画像には誘導したいコンテンツの持つ、さまざまな情報をできるだけ多く詰め込みたくなりますが、あまりにも多くの情報を盛り込んでしまうと、逆効果になってしまいます。それぞれの情報が記憶されにくくなり、どの要素も印象が薄くなってしまうのです。人が記憶に留めておける情報には、限界があります。**情報は1つか2つに絞って、内容がストレートに伝わるように表現しましょう。**

　そのためには、視線が自然に誘導されるようにレイアウトすることも大切です。領域内で要素の大きさに変化をつけて、大きいものから小さいものへ順番に配置すると視線の流れを作り出すことができます。

ひとつの要素だけが光っているとその要素が強く印象に残りますが、すべての要素を光らせると、どれも印象に残らなくなります。

Before

After

訴求したい情報を同程度の強度で詰め込み過ぎ
たため、どれも印象が薄くなっています。

ひとつの画像内に挿入する情報を絞り込むこと
で、伝えたいイメージがストレートに伝わります。

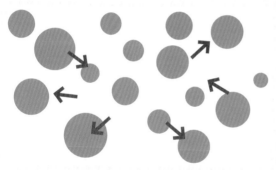

多くの要素が同じような強度で領域内に
複数存在すると、視線がどこにも留まらず、
全体の印象が薄くなります。

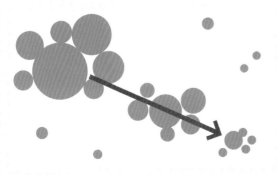

要素をカタマリとして捉え、大きいものか
ら小さいものへ順番に配置することで、視
線の流れを誘導することができます。

見せたい場所に
スポットライトを

☑ 主役（目立たせたい要素）の周囲は明るくする

☑ 主役以外の領域を暗くしてコントラストをつける

☑ 目立たせたい要素が浮き出して見える

▶Design Point ▶明暗のコントラスト

　舞台で主役がスポットライトを浴びるように、サムネイル画像でも特定の要素にスポットライトが当たっているように見せることは、注目を集めるためのベーシックな手法のひとつです。**スポットライトの光は、暗い部分とのコントラストで表現します。**目立たせたい要素の周囲は明るく、それ以外の領域を暗くしてコントラストをつけることで、**特定の要素が浮き出して見えるようになります。**領域内で明暗のコントラストがはっきりしていると、視覚的なポイントにもなります。

　スポットライトが当たっているように見せるには、明るい光線をグラフィックとして描

スポットライトが
ないイメージ

> スポットライトのないフラットな背景は、視覚的なポイントがなく、タイトルも平坦な印象になります。

き込むことのほか、背景にライトが当たっているように要素の周囲に明るい領域を作るなどの表現方法があります。

目立たせたい要素の背景を明るくする

コントラストがある画像を背景に置いて、
注目させたい要素が背景の明るい位置に
来るようにレイアウトします。

Before

スポットライトなしのイメージ

スポットライトがないと視線が定まらずタイトル文字の
印象が薄くなります。

After

スポットライトありのイメージ

スポットライトが当たっていることで、タイトル文字が浮き出て見えるようになります。
明暗のコントラストが強くなることで、視覚的にメリハリのある印象を与えることが
できます。

☑ 強調したい主役の要素を中央に置く

☑ このレイアウトを「日の丸構図」と呼ぶ

☑ シンプルでバランスよく構成しやすい

Design Point 日の丸構図

「日の丸構図」は、最もシンプルでレイアウトしやすい構図と言えるでしょう。日の丸の旗の赤い円のように、主役となる要素を領域の中央に配置して強調するレイアウトです。必ずしも「円形」である必要はなく、**「主役を中央に置く」ことが日の丸構図の必要な条件です。**ただし、周囲を無地にしたり主役以外の要素の明度や彩度を落としたりするなど、中央に配置した要素がはっきりと目立つように構成することが大切です。

領域全体に絵柄が散らばるような構図は、視線が定まらず、どの要素も印象に残りません。

　領域の中央に要素を置き、その周囲のトーンを下げることで、視線は自動的に中央に集まります。暗い舞台の上で中央の主役にスポットライトが当たっているようなイメージで、強調したい要素の存在感が強くなる構図です。

円形の輪郭を持つ要素だけが日の丸構図になるわけではありません。主役にしたい要素を中央に置いたレイアウトは日の丸構図と言えるでしょう。ただし、周囲の要素や背景の印象も強い場合は、あまり主役が目立たず、日の丸構図の効果が低くなってしまいます。

主役以外の要素の明度を落として、目立たせたい中央の要素がよりはっきり前面に出るようにアレンジすると、効果的な日の丸構図になります。

余白で日の丸構図を作る

商品を円周状に並べて中央部に余白を作った、変則的な日の丸構図の例です。中央の余白に文言を配置して強調します。

☑ 水平または垂直に均等分割して対比させる

☑ このレイアウトを「二分割構図」と呼ぶ

☑ 全体のバランスが取りやすく、安定した印象を与える

Design Point　二分割構図

「二分割構図」は、その名の通り領域内を2つに分割するレイアウトです。**垂直・水平いずれかの方向に均等に分割する構成は全体のバランスが取りやすく、安定した印象を与えることができます。**

　一方を画像に、もう一方をテキストで埋めるなどエリアの性質を変えたレイアウトでもバランスよく見せることができますが、2つの要素を対称的に配置して双方を強調するなど、「対比」の構図として利用するとより印象が強くなります。

　二分割構図は写真を撮影する際にも、美しくまとまりやすい構図です。海と空、街並

2つの領域に分割しても、それぞれのエリアの面積が微妙に異なっているとバランスが悪くなってしまいます。二分割構図では、それぞれの領域が均等になるように分割します。

みと空など、バランス良く風景を切り取ることができます。

垂直方向の二分割構図

垂直方向に二分割した構図は、地面と空など自然の空間を表現した画像にぴたりとはまります。地平線や水平線が領域の中央に来るように、画像をトリミングして使用すると良いでしょう。

水平方向の二分割構図

横長の画像を水平方向に二分割した構図は、2つの要素を対決させるようにそれぞれを強調したい場合に便利です。お互いの領域で使用する色のコントラストを強くすると、インパクトのある仕上がりになります。

☑ 三分割した補助線に合わせて要素を配置する

☑ このレイアウトを「三分割構図」と呼ぶ

☑ 補助線の交差点に配置した要素は強調される

Design Point 三分割構図

レイアウト領域内で、水平垂直方向それぞれを三分割する線を基準にした構図が「三分割構図」です。**三分割した線上に要素が来るようにレイアウトする**ことで、**余白が多くなりドラマチックな印象になります。**要素を中央に置く「日の丸構図」と比較すると、物語を感じさせる印象的な構図といえるでしょう。

また、**水平垂直の三分割線が交差する点に要素をレイアウトすると、その要素を強調することができます。**主役になる要素とタイトル文字とのバランスの取り方は難しく、左右対称などシンプルな構図をとりがちで

要素を中央に置いた構図です。全体に安定感はありバランスが取りやすい構図といえますが、少し平凡な印象になってしまいます。

すが、三分割構図は画面に変化を出しながらも全体のバランスが取りやすい便利な構図です。

横位置画像を
三分割構図でレイアウト

横位置の画像の水平線を水平方向の分割線に合わせ、主役となる人物の位置を垂直方向の分割線に合わせた構図です。またタイトル文字を分割線の交点に配置し、全体のバランスを取っています。

縦位置画像を
三分割構図でレイアウト

縦位置の画像を三分割構図でレイアウトすると、縦方向の要素がより強調されてドラマチックな印象になります。

互いに引き立て合うなら
阿吽型
構図

☑ 左右または上下で要素が呼応するように配置する

☑ このレイアウトを「阿吽型構図」と呼ぶ

☑ 共通点と相違点があることで互いが引き立つ

Design Point 阿吽(あうん)型構図

金剛力士像や神社の狛犬のように、基本的な構造は共通していながらも、表情や様子が微妙に異なる一対の人や生き物は「阿吽」と呼ばれています。これをレイアウトに置き換えたものが「阿吽型構図」です。同一の要素を並列や対称に構成するのではなく、**それぞれの要素に共通点と相違点を持たせて互いの存在を引き立たせる構図です**。どちらも同じように強い印象になり、また、別の要素を囲むように配置することで中心にある要素を強調することもできます。

ふつうの構図

中央に大きく配置したタイトルよりも、阿吽型構図で中央に置いたタイトルの方が、ドラマチックで強い印象になります。

同じテイストの2つの図版を使用するほか、画像と文字など性質の異なる要素も、輪郭を揃えるなど共通点を持たせることで阿吽型構図になります。

「阿吽像」の例

沖縄で多く見られる魔除けの獣像「シーサー」も阿吽像のひとつです。片方が口を開け、もう片方は口をつぐんだ像になっています。金剛力士像や神社の狛犬も同様に、口の表情が異なる2体で一対です。

Q&Aを阿吽で表現

質問と回答が必要な「Q&A」という構造は、阿吽型構図に適したコンテンツと言えます。同じタッチのイラストを異なる立場として配置し、対比する構図になっています。

写真と文字の組み合わせ

写真画像とタイトルという異なる性質の2つの要素を、それぞれ矩形のエリアとしてレイアウトしても、広義の阿吽型構図になります。広く取った余白が写真画像とタイトルに共通していることで、互いの存在が引き立ちます。

☑ 額縁で飾るように周囲を縁取りする

☑ このレイアウトを「額縁型構図」と呼ぶ

☑ 額縁の内側への視線誘導が強くなる

▶Design Point 額縁型構図

　絵画を額装するように、領域の周囲に縁取りをして内容を強調するレイアウトが額縁型構図です。飾り罫や色帯・画像など、**さまざまなイメージを額縁として利用することで、その内側の要素をより印象的に見せることができます。**伝えたい情報をより魅力的に価値あるものとして見せることができる構図です。

　ベタ塗りの色帯を額縁として利用する場合は、中央の画像が引き立つような色を使用します。主役になるようなビジュアルが用意できない場合は、小さな画像を多数額縁として配置しても良いでしょう。一つひとつ

額縁があった方が視線が引きつけられます。また表示している情報が貴重で価値が高いことを訴求することができます。

はインパクトがない画像も複数を配置することで華やかな雰囲気を演出することができます。

1枚の画像を額縁として利用する

カラフルな画像をメインビジュアルとして利用したいときは、額縁型構図の縁取りとして使用する方法もあります。中央部に背景の不透明度を下げて半透明にした矩形を配置し、メインビジュアルが額縁になるレイアウトにします。

単色の額縁は写真画像を引き立てる色を選択する

べた塗りの色帯を額縁として使用するときは、内側に配置する画像など、要素との色のバランスに注意しましょう。写真画像と近い色相にすると、違和感のない額縁として画像を引き立てることができます。

小さな画像を並べて額縁にする

主役になるようなビジュアルが用意できない場合は、小さな画像を数多く使用して領域の周囲に並べても良いでしょう。多くの画像を額縁として構成することで、全体が華やかな雰囲気になります。

- ☑ 背景が単一の色だと視覚的アクセントはない
- ☑ 画面を分割すると視覚的なアクセントができる
- ☑ サムネイル画像を強く印象付けられる

▶Design Point　背景の分割

　アピールしたい商品やサービスが複数あるときには、画面を分割してそれぞれの魅力を伝える必要があります。**画面を分割することは同時に視覚的なアクセントを作ることにもなり、サムネイル画像を強く印象付けることが可能です。**

　2つの要素を訴求するときには、互いの相違点を対比させる構成にします。特に分割したそれぞれの領域で補色を使用するなど色相を対比させると（P.67参照）、より強いインパクトを与えることができるでしょう。

　3点以上の要素を訴求するために画面を分割するときには、それぞれの境界が曖昧

画面を分割せずに背景を単一の色や画像にすると、視覚的なアクセントはありません。

にならないように注意します。くっきりとした分割の境界線は、視覚的なアクセントにもなります。

**2分割して
色相を対比させる**

昼と夜を訴求するために画面を2分割した構成です。黄色と紺色という補色関係（P.67参照）にある2色を背景に使用し、2つの要素の違いを強く対比させています。

**4分割して
並列に訴求する**

さまざまなスタイリングをアピールするために、画面を4分割した構成です。女性のヘアスタイルが強調されるようにトリミングし、並列に見えるように構成しています。

**6分割して
パターン化する**

画面を6分割し、それぞれの背景色を互い違いに設定することで、画像全体がパターン状に見えるように構成しています。パターン状にすると領域外にも繰り返し続いていることが暗示され、多数の商品が用意されていることを表現することができます。

MARGIN
MARGIN
MARGIN

マージンは
真面目に大事

☑ 余白のことを「マージン」と呼ぶ

☑ マージンの幅や高さを揃えるように意識する

☑ マージンを統一することで安定感が生まれる

Design Point マージン

「マージン」とは余白のことです。複数の要素を配置するとき、それぞれの位置を右端や上端などで揃えると、揃えた場所に目に見えない境界線が生まれます。物理的に線を引いていなくても、人の目にその境界が「線」として認識されるのです。**マージンの幅や高さが統一されるように境界線を意識して配置すれば、全体の構図に安定感が生まれます。**

　マージンの分量が少ない構図は、強く活気がある印象になります。賑やかなイメージを表現したいときには、マージンを少なめにとると良いでしょう。逆に静かな印象を出

マージンの分量が統一されていないと、全体の構図が不安定で視線が定まらない状態になってしまいます。

したいときには、マージンの分量を多くとります。落ち着いて冷静なイメージにまとめることができます。

**写真画像の絵柄でも
マージンを統一する**

文字や図版だけでなく写真画像の絵柄でもマージンを意識してトリミングすると、構図の安定感が増します。

**マージンの分量で
雰囲気が決まる**

マージンを多くとったレイアウトにすると、静かで落ち着いた印象になります。マージンの分量で、与える印象が大きく変わります。

☑ 写真画像に縁取りや囲みをつける

☑ シンプルな写真に視覚的な変化が加わる

☑ サムネイル全体の統一感を出すことができる

Design Point 縁取り・囲み

　写真に特徴的な囲みをつけることで、シンプルな画像に視覚的な変化が加わり、洗練されたイメージになります。画像内で使用されている色相（P.66参照）と同一のカラーで囲みを追加すると、全体の統一感を出せます。暖色なら柔らかさ、寒色ならクールさなど、色の持つ性格がサムネイル画像の印象を強めることにもつながります。

　写真画像の明度（P.64参照）を上げた領域を囲みに利用する、二重の囲み罫をつけるなど表現のバリエーションもさまざまな方法があります。また切り抜きで写真を利用するときに輪郭に合わせて縁取りをすると、

囲みを追加しないそのままの画像は「デザイン処理されている」印象はなく、特に何かのイメージを感じさせることはできません。

POPな印象を与えることも可能です。複数の写真を縁取りして合成すると、楽しいコラージュのようなイメージになります。

二重の囲み罫を使用する

外側に写真画像の色に合わせた囲みエリアを太い線で、内側に半透明の白い罫を細い線で入れた構成です。デザイン処理した印象により、洗練されたイメージになります。

外側のエリアを半透明で囲む

外側に半透明の白い太い罫線が重なっているようなイメージで、囲みを追加した構成です。中央の透過されていないエリアの画像や文字要素の印象が強くなります。

白と飾り罫の囲みを使用する

外側に太めの白い囲み罫を追加し、右上・左下に植物をイメージした飾り罫を囲みと同色で配置した構成です。繊細な印象になります。

切り抜き写真に縁取りを追加する

切り抜きで使用している3つの人物の写真それぞれに白い縁取りを追加して、ステッカーを貼った雑多なコラージュのようなイメージに構成しています。

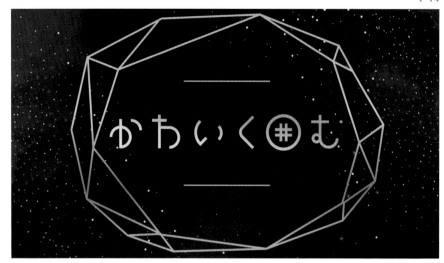

☑ 縁取りや囲みは四角形以外も使うことができる

☑ イラストやリアルな写真も囲みの要素として利用できる

☑ 囲む要素を工夫することで華やかなイメージを演出できる

〉Design Point 〉飾り罫

　P.50では領域を区切るための縁取りや囲みを四角形で表現しましたが、シンプルな直線だけではなくデザインした線や植物のモチーフを利用した「飾り罫」で囲めば、華やかで高級感のあるイメージになります。繊細で複雑な飾り罫を加えるだけで、優雅な印象を与えることができます。

　罫線ではなくイラストや写真などをパーツとして組み合わせて囲むための要素にすると、中央にある文字などの印象をより強く引き立てることが可能です。訴求したいイメージに合わせたイラスト要素を散りばめたり、商品写真を囲むように配置したりしても良い

囲み罫がない構図では、全体が締まらず、視覚的な変化のない印象になってしまいます。

でしょう。さまざまな要素を囲みとして活用し、中央にあるコンテンツを引き立てる構成にまとめることが重要です。

複雑で繊細な飾り罫で華やかにまとめる

植物をテーマにした曲線の飾り罫で文字を囲むと、優雅で華やかなイメージにまとめることができます。同系色で構成することで、全体の統一感を高めます。

新年の華やかさを演出する囲み要素

金色の背景に赤色を主体にした梅の花のイラスト要素を周囲に散りばめて、新年の華やかさを表現した構成にしています。

カラフルな囲み罫で中央の要素のシンプルさを補う

中央に置くコンテンツがシンプルなときには、カラフルな要素を囲み罫として利用することで、画面をかわいく華やかにアレンジできます。囲みがうるさくなり過ぎないように、各パーツのサイズや形状は統一し、色だけが変化する要素を使用しています。

☑ 写真の一部分を切り取ることを「トリミング」と呼ぶ

☑ トリミングによって写真が与える印象が変わる

☑ 顔の上半分を隠すと、モデルの個性を消してテーマ性を強調できる

▶Design Point　トリミング

　写真をどのようにトリミングするかで、与える印象は大きく変わります。領域内に写真の中心をそのまま入れ込むのではなく、**どのような印象を与えたいかを決め、イメージに合わせてトリミングすることが重要です**。

　例えば人物の写真では、顔を含めた上半身全体の画像はその人物の印象を強めますが、普遍性・テーマ性は弱くなります。**あえて顔の上半分を隠してモデルの個性を消すと、見る側の意識を投影してもらいやすくなります**。また著名な人物では、顔の左右半分をトリミングしてもその人物であることは判別できます。

人物全体を領域内に収めた構図は人物を強調することはできますが、テーマ性が弱く見る側の意識の共感を呼びにくくなります。

　このほか被写体が枠内に収まらない構図にするなど、トリミングで広がりを感じさせることも可能です。

人物の顔を半分でトリミングする

著名な人物の場合は、顔を半分切り取るようにトリミングしてもその人物であることの認識は可能です。複数の人物を並列する場合などに効果的なトリミング方法です。

 Before

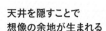 After

天井を隠すことで
想像の余地が生まれる

天井を含めると写真の中の空間に拡がりがないように見えてしまいますが、写真をトリミングして天井部分を隠すことで、写真の中の空間が限定されず広い空間に見えるようになります。

大きく見切れる

- ☑ 均衡の取れた構図は「ひっかかり」には欠けることがある
- ☑ あえて一部だけしか見えない「見切れ」た構図を作る
- ☑ 不安定な印象が人の目を引きつける強さを持つ

▶Design Point 見切れ※

均衡の取れた安定した構図は見る側に安心感や安全なイメージを与えますが、印象に残るような「ひっかかり」には欠けてしまう場合があります。領域内に絵柄の全体を収めずにあえて一部だけしか見えない**「見切れた」構図は不安定な印象になりますが、同時に人の目を引きつける強さも持っています。**あえて被写体が大きく見切れた構図にすることで、スタイリッシュなイメージにまとめることができるのです。

一部だけを見せるときには、その見せる領域をどこにするのかを考慮して構図を決めます。服を訴求したいならモデルの顔は

領域内に全体が収まった状態の構図は安定感がありますが、特に強い印象は残りません。

見せない、商品を訴求したいならその商品のロゴ以外の部分を大きく見切れさせるなど、テーマに合わせて構図を決めることが重要です。

\\ Before /

\\ After //

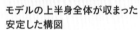

モデルの上半身全体が収まった
安定した構図

モデルの頭部から上半身全体が領域の中央に収まっている安定した撮影カットをそのまま使用した構図です。キャッチコピーも中央揃えで美しくまとまっていますが、特に記憶に残るイメージになりません。

大きく見切れた構図

モデルの顔や半身が見切れた状態の撮影カットを使用した構図です。キャッチコピーを縦組みにしても収まりが良くなります。モデルの構図は不安定な見え方ですが、全体の印象はスタイリッシュにまとまります。

ショッピングバッグを
強調する

4人のモデルの頭部を大胆に見切れさせてレイアウトした構図です。顔が見えないことでそれぞれのモデルが手に持ったショッピングバッグが強調され、「セール」の強い訴求ができるようになります。

※「見切れ」とは、本来映像の業界用語で「画面にあってはならないものが入ってしまうこと」を指しますが、最近特にデザイン用語では本来とは逆の意味で「画面に収まらないレイアウト」を「見切れ」と呼ぶことがあります。

- ☑ 通常は水平垂直方向にレイアウトする
- ☑ 目的によっては要素に角度をつけてレイアウトする
- ☑ 角度をつけると動きやスピード感を表現できる

〉Design Point 〉斜めレイアウト

　画面の分割や文字のレイアウトは水平垂直方向に適用することが基準ですが、**要素に角度をつけて斜めにレイアウトすることで、動きやスピードを感じさせることができるようになります。**すべての要素に角度をつける場合は、画像全体が混沌とした印象にならないように同じ方向に傾けましょう。

　特定の要素だけ角度をつけるとその要素は視覚的なポイントになり、ほかの要素よりも注目を集める結果になります。その場合は水平垂直方向を維持した要素も混在させると、斜めにした要素を比較で目立たせることができます。

水平垂直方向にレイアウトされた要素だけで構成していると、動きを感じさせることは難しく静的な印象になります。

**目立たせたい要素に
角度をつける**

「X'mas Fair」「ポイントゲット！」
の2つの文字要素だけ角度を
つけて構成しています。イラス
トを含めてそのほかの要素は
水平方向に限定していること
で、角度をつけた文字の印象
が強くなります。

**キャッチコピーと
その背景に角度をつける**

水平垂直方向を強調した商
品イメージと対比するように、
キャッチコピーとその背景に角
度をつけてレイアウト。動きを
出すことで、「静」としての商品
イメージを印象的に見せてい
ます。

**角度をつけた要素を
多く取り入れて
楽しいイメージを出す**

切り抜きのキーボード画像や
キャッチコピー・背景の色面
など多くの要素に角度をつけ
て構成し、全体に動きがある
楽しいイメージにまとめていま
す。タイトル文字を水平にレイ
アウトすることで、角度のある
要素がより強調されます。

☑ 人の目は大きなものは近く、小さいものは遠くに感じる

☑ 大きなものから小さなものへと配置して遠近感を表現する

☑ 遠近感によって奥行きを出すと深みと余韻が生まれる

▶ Design Point サイズによる遠近感

　領域内の要素に大小の差をつけてレイアウトすると、人の目には大きなものは近くに、小さなものは遠くに感じられます。大きなものから小さなものへと配置することで、遠近感を出すことができます。平面の領域内に**奥行きを感じさせるようにレイアウトすると、平坦な構図よりも印象深い余韻が生まれ、商品やサービスの印象を強く訴求することができます。**要素に大小をつけて遠近感を出したいときは、大きくレイアウトする要素を先に配置して「近」の位置や視点を決めて徐々に小さな要素へと配置すると、全体をまとめるのが容易になります。

要素の大きさに特別な差をつけずにレイアウトすると、画面の中に奥行きは感じられず平坦な印象になります。

　また要素の輪郭をぼかしたり不透明度を変化させたりすることで、より遠近感を強調することが可能です（P.112参照）。

コーヒー豆の大小で
遠近を表現する

缶コーヒーの周囲に散りばめたコーヒー豆のサイズに大小の差をつけることで、近景〜遠景の奥行きを出しています。奥行きのある空間のちょうど中間の位置に商品があるよう構成しています。

\ Before /   \\ After //

要素のサイズに差がない構成

コーヒー豆をほぼ同じサイズでレイアウトすると、画像の中に遠近や奥行きがない平坦な構図になります。

要素のサイズに差をつけた構成

コーヒー豆のサイズを大〜小へ変化をつけてレイアウトすることで、画像の中に奥行きが生まれます。

パーティプレートデリバリーサービス
HBJ シェフ

プレートの大小で遠近と
バリエーションを表現する

円形の料理皿を大小のサイズの差をつけてレイアウトして、遠近感を出しています。基本的な形状が同じ要素を、サイズを変えて配置することで、多数のバリエーションが存在することの訴求にもなります。

ラフスケッチと構図

動画を公開する目的やターゲットとする閲覧者、公開する時期などの基本的なデータをもとに全体のデザインの方向性が決まったら、ラフスケッチを描くことからサムネイル画像制作が始まります。

素材となる画像が動画から切り出したデータなどあらかじめ定まっている場合は、訴求したいイメージを表現するために、その素材をどのような構図で使用すると効果的かを考えながらラフスケッチを制作します。定番の「日の丸構図」（P.36参照）、ドラマチックに仕上げる「三分割構図」（P.40参照）などデザインの目的に合わせて構図を選び、素材となる画像にあてはめながらラフスケッチを描きます。

「2つの要素を対比させたい」「複数の要素を並列にアピールしたい」など素材の前に目的が定まっている場合は、まずは明確に構図を意識してラフスケッチを描きます。それぞれの要素をどのように配置するかを考えてラフスケッチを作成し、その内容に合わせて必要な素材を用意します。ラフスケッチに合わせて画像素材をレイアウトして全体を構成します。

サムネイルの素材となる画像。この素材をどのような構図で使用すると効果的か考えます。

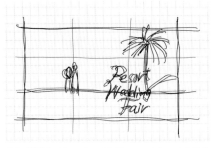

三分割構図でラフスケッチを描いています。三分割線が交差する点に要素を配置するように考えます。

2つの要素を対比させたいと考え、阿吽型構図（P.42参照）でラフスケッチを描いています。

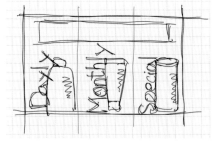

複数の要素を並列にアピールしたいと考え、画面を分割（P.46参照）してラフスケッチを描いています。

サムネイル
デザインの
きほん

Chapter **2**

配色・文字の
きほん

見えないと意味がない

☑ 人の目は特に明度の差を強く感じる

☑ 背景と文字の明度のコントラストを強くする

☑ 境界がくっきりすると読みやすくなる

〉Design Point 〉 明度

　限られたスペース内で情報を伝えるには、内容をはっきりと見せることが必要です。特に文字を認識して読んでもらうためには、背景と文字の境界をくっきりさせることを意識してイメージを制作します。**境界を強調するために重要な要素が「明度」のコントラストです**。人の目は、特に明度の差を強く感じます。十分な明度の差が出るように構成することで、読ませたい文字、強調したい要素に注意を向けることができます。

　見せたい要素を強調するために、あえてしっかり見せなくても良い要素を組み合わせて対比させることも方法のひとつです。

明度のコントラストが低いと、文字が読みにくく、伝えたい情報が伝わりにくくなります。

明度の差を強め、見せたいものをしっかりと見せることができるでしょう。

**文字要素を囲んで
読みやすくする**

カラフルで細かなイメージ背
景の前面に文字を掲載したい
ときは、文字要素全体を囲む
ような図形を作成して重ね合
わせることで、明度のコントラ
ストを強くすることができます。

明度差の違い

同系色でも明度のコントラストを強くす
ることで、境界がくっきりします。

明度差高 ⟷ 明度差低

色相差の違い

明度のほか色相にも差異を出すと、より
要素の違いがわかりやすくなります。

明度・色相差高 ⟷ 明度・色相差低

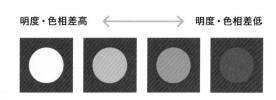

彩度差の違い

彩度に差をつけることでもコントラスト
が強くなり、要素の境界がはっきりとわ
かりやすくなります。

彩度差高 ⟷ 彩度差低

☑ 同系色でまとめると統一感はあるがインパクトは与えにくい

☑ 強いインパクトを与えるには脳への刺激が必要

☑ 色相の違いでコントラストを出す

▶Design Point ▶ 色相

　同系色で統一したり、トーン（P.68参照）を揃えたりした配色は、イメージ全体がまとまりやすく完成された印象を出しやすくなりますが、その反面、強いインパクトを与えにくいという弱点もあります。強い印象を与えるためには、ある程度の脳への刺激が必要なのです。その刺激を生み出すのがコントラストです。

　性質が大きく異なる要素を対比させることで、コントラストが強くなります。中でも色相の違いはコントラストの強さを出しやすいでしょう。 明るい部分と暗い部分を対比させると、強いコントラストを感じさせら

同系色や同じトーンでまとめると、全体の統一感は出ますが、平坦で印象が弱くなります。

れます。また色相環上で離れた位置にある色同士の対比もコントラストを強く出すことができるでしょう。

色相環から見る
コントラストの強い補色

色相環（図左）を元にした、コントラストの強い配色例（図右）です。色相環で対角線上にある色同士が最も色相が離れている「補色」のため、最もコントラストが強くなります。補色以外でも、90度以上の角度で離れた位置にある色同士はコントラストが強い配色になります。

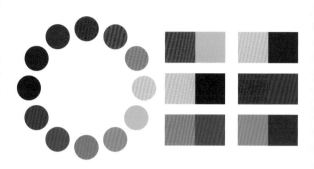

色相のコントラストを
強くする

写真画像の中の基調色とベタ塗りの面の色でコントラストを強めた構成です。緑とオレンジという異なる色相を対比させています。

アフィリエイト／ターゲット像／ソーシャルネットワーク／集客／オンラインショップ／アフェリエイト広告デジタルマーケティング／ペルソナ／BtoB／CtoC／BtoC／Eコマース／コンテンツ／リスティング広告検索エンジン／SNS／マーケティング　　　　　　ットショッピング／アフィリエイト／ターゲ／ソーシャルネットワーク／集客　　　　　　　　イト広告／デジタルマーケティンルソナ／BtoB／CtoC／BtoC　　　　　　　　　グ広告／検索エンジン／SNSーケティングオートメーション　　　　　　　　ーゲット像／ソーシャルネット／集客／オンラインショッ　　　　　　　　　ング／ペルソナ／BtoB／CtBtoC／Eコマース／コンテ　　　　　　　　マーケティングオートメーショ

密度のコントラストで
印象を強める

要素の密度の違いでコントラストを強めたイメージです。背面に文字を高密度でびっしりとレイアウトし、中央部は余白をもって構成することで、密度の違いを対比させています。

WEB
マーケティング
セミナー
4月
開催！

- ☑ 多くの色を使うと全体の統一感が出しにくくなる
- ☑ 彩度と明度が近い色のまとまりを「トーン」と呼ぶ
- ☑ 色相が異なってもトーンが同じ色同士は統一感を出せる

〉Design Point 〉 彩度・トーン

　彩度と明度が近い色をひとつのまとまりとして、彩度と明度で変化を出した色の調子のことを「トーン」と呼びます。多くの色を使ってレイアウトすると、全体の統一感を出すことが難しくなりますが、使用する色のトーンを統一することで、まとまった印象になります。最も鮮やかな彩度の高い色を基準に、黒を少しずつ加えていくと彩度が低いトーンに、白に近づけていくと明度が高いトーンになります。

　色相が異なる複数の色を使用してレイアウトしていても、トーンが近い色同士なら全体に統一感を出すことができます。多色

色のトーンが揃っていないと、全体にまとまりのないいちぐはぐな印象になってしまいます。

使いのレイアウトで全体の印象が散漫に感じられるときには、使用している色のトーンが揃っているかを確認すると良いでしょう。

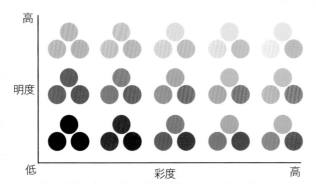

彩度と明度のトーンの違い

最も彩度が高く明度が低い色のグループを基準に、黒を加えていくことで彩度が低いトーンになります。また、白を加えていくと明度が高いトーンになります。トーンが近い色同士を使用すれば、色相が異なる色同士でも違和感なく全体がまとまります。

写真画像とトーンを合わせる

写真画像で使用されている色に近いトーンで配色することで、写真を含めた全体のレイアウトで統一感を出すことができます。

トーンを揃えれば多色でも統一感を出せる

色相が大きく異なる多くの色を使用したレイアウトでも、使用する色のトーンを揃えることでまとまった印象になります。彩度が低い色でまとめると、多くの色を使用していても落ち着いた印象になります。

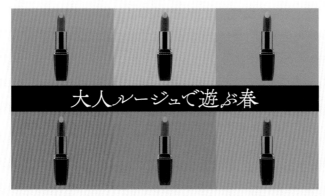

主役の色を
強調する

☑ 色のイメージは人の記憶に強く残りやすい

☑ 主役の色を全面に構成して「色＝訴求したい商品」とする

☑ 色自体にひとつのブランドの役割を持たせる

Design Point　色のイメージ

　色のイメージは人の記憶に強く残りやすく、訴求したい商品と色を結びつけて表現することで、見る側により鮮明な印象を与えることができます。特定の色を強く全面に出した構成として、**その色＝訴求したい商品という等式が成り立つようにすれば、色自体がひとつのブランドの役割を持つようになるのです。**

　特徴的な色の商品を同系色の背景に重ねて構成すると、商品の輪郭は曖昧になります。それでも色は、商品そのものに替わって強いインパクトを見る側に与えます。色の印象が弱くならないように、組み合わせる文

主役になる要素と対比する色の背景は主役の輪郭を浮かび上がらせることはできますが、主役の色の印象は弱くなります。

字などの要素は白や黒などの無彩色に限定すると良いでしょう。

赤色の商品に赤い背景を重ね合わせる

いちごの「赤」を強調するために背景も赤色で構成しています。商品名を表示するエリアの背景も異なるトーンの赤色の帯を組み合わせて、赤色を強調した構成です。

新登場!
フレッシュストロベリー
カクテル

黄色＋黒の2色を強調する

イエローキャブの車体とそのマークの黄色＋黒の2色を強調した構成です。車の輪郭は背景の黄色に重なって判別しにくくなりますが、黄色＋黒が商品（サービス）のメインカラーとして強く印象に残ります。

PRIME TAX

アプリで配車

写真画像で緑色を強調する

写真画像を利用して「緑」を強調した構成です。複数の緑色が混在する写真画像で、「緑」を強調しながらも全体が単調にならない変化のあるイメージになります。

香りをたのしむ。

本格抹茶ラテ

文字は しっかり 読みやすく

☑ 文字の背景に細かい絵柄があると読みにくい

☑ コントラストが強くなるようにレイアウトする

☑ 明度でもコントラストを高くする

▶ Design Point コントラスト

　文字を読みやすくレイアウトするには、背景になる要素との色のコントラストが強いことが重要です。背面とのコントラストが低かったり、輪郭がはっきりしなかったりする状態では、文字をしっかり読ませることができません。

　文字を読みやすい状態にするには、背景が明るい色の場合は文字を暗い色にするなど、明度（P.64参照）のコントラストを考慮して配色します。背面に写真画像やイラストをレイアウトしている場合は、文字の背面に色帯を入れるなど、文字の輪郭がはっきりわかるようなアレンジを加える必要があ

文字の背面に細かい絵柄の画像があると、文字は読みにくくなってしまいます。

ります。また、文字の周囲に縁取りを入れたり袋文字にしたりするなど、文字自体の外観を輪郭が判別しやすいように調整しても良いでしょう。

背面に色帯を入れて文字とのコントラストを高くする

背景に細かなイラストが入るときは、文字の背面に色帯を入れると文字の輪郭がはっきりとして読みやすくなります。色帯にイラストの中の色を指定すると、全体の統一感を出すことができます。

文字の輪郭にぼかした縁取りを入れてコントラストを高める

文字の周囲に文字色とコントラストの強い色で縁取りを追加すると、輪郭がはっきりとして文字が読みやすくなります。縁取りをぼかして入れることで、背面の要素に違和感なく溶け込ませることができます。

文字要素全体を囲むエリアを配置する

円や長方形などで文字要素全体を囲むエリアを作成してレイアウトすることで、文字と背面とのコントラストを高める方法もあります。囲むエリア全体をデザイン要素として構成します。

フォントの キャスティング

- ☑ デジタルで使用する「書体」を「フォント」と呼ぶ
- ☑ フォントは大きく明朝（セリフ）系／ゴシック（サンセリフ）系に大別できる
- ☑ 使用するフォントによって印象は大きく変わる

▶ Design Point ▶ フォントによるイメージの変化

　文字をどのような外観で見せるか、**フォントは画像全体のイメージを決める大きな要素です**。見せたいイメージに合わせて最適なフォントを選ぶことが重要です。

　フォントは大きく2種類の系統に分別することができます。日本語なら明朝体とゴシック体、欧文ではセリフ体とサンセリフ体です。静かで落ち着いた雰囲気を表現したいときには明朝体／セリフ体系のフォントを、現代的でニュートラルな印象を出したいときにはゴシック体／サンセリフ体系のフォントが基準となります。さらに表現したい内容に合わせ、各系統の中から選択しましょう。

シンプルなフォントだけでは特別な印象を与えることはできません。フォントの違いだけで、伝えたいイメージを演出することができます。

フォントの大きな種別

フォントの種類は、日本語なら明朝体とゴシック体、欧文なら
セリフ体とサンセリフ体に大きく分けることができます。明朝体
やセリフ体は、文字の線の端にインクの溜まりを表現したよう
な装飾パーツがあることで、クラシカルで重厚なイメージになっ
ています。ゴシック体やサンセリフ体は線に装飾がなくシンプ
ルなフォルムであることから、ニュートラルで先進的なイメージ
を持っています。

明朝体
書体

セリフ体
FONT

ゴシック体
書体

サンセリフ体
FONT

セリフ体のタイトル文字

セリフ体を使用すると、落ち着いて高級感があ
るイメージを演出できます。インテリアならアン
ティーク家具のイメージです。

サンセリフ体のタイトル文字

サンセリフ体を使用すると、シンプルで機能的な
イメージを訴求できます。インテリアなら北欧家
具のイメージです。

ポップなサンセリフ体のタイトル文字

サンセリフ体系のカジュアルなフォントを使用す
ると、賑やかで楽しい雰囲気を出すことができま
す。ユニークなインテリア雑貨を扱う店舗のイ
メージです。

☑ 文字の可読性をあえて落とすデザインもある

☑ 伝えたいイメージの統一感を強く打ち出すことができる

☑ 文字を溶け込ませて目を凝らして画像を見てもらう

Design Point 文字を背景に溶け込ませる

　文字は読みやすくはっきりとレイアウトすることが基本です。しかし、伝えたいイメージの統一感を強く打ち出したいなど「攻めた」構成にする場合は、**文字の可読性をあえて落として構成する表現手法をとっても良いでしょう。**文字が背景画像の中に実在している要素であるように見せたり、背景画像の色に溶け込ませて境界を曖昧にしたりするなど、**目を凝らして画像を見てもらうために、さまざまな仕掛けをするのです。**

　そのためには背景要素の絵柄の特徴を考慮する必要があります。文字の色を調整したり、文字の輪郭をアレンジしたりするな

背景画像にベタ塗りの文字を重ねた構成です。文字は読みやすくなりますが、特に印象に残りにくい画像になっています。

ど、絵柄に合わせて文字の外観を調整し、背景との一体感を演出します。

背景に溶け込む
キャッチコピー

キャッチコピーの文字の色は背景画像の明度を上げた状態になっているため、背景画像に溶け込んでいるように見えます。目を凝らさないと文字が読みにくい状態をあえて作り出し、一拍置いた空気感を出しています。

文字と画像の
前後関係を作り出して
奥行きを表現する

キャッチコピーの前半が写真画像の人物の背後に存在し、後半は人物の前面にあるかのように見せたレイアウトです。文字の一部を絵柄で隠すことで、文字が物理的に存在しているような奥行き感を出して印象を強めています。

写真画像とパースを
合わせて変形する

絵柄の遠近パースに合わせて文字ブロックの輪郭を変形して構成しています。文字が写真画像の風景の中に、実際に存在しているかのように見せることができます。

☑ 文字をデザイン素材として使う

☑ 全面に文字を入れることでインパクトを強める

☑ より強く情報を伝えることができる

▶Design Point　デザイン素材としての文字

　文字は情報を言葉で伝える要素ですが、レイアウト方法の違いで言葉の内容以上の情報を表現できます。

　背面を埋め尽くすように複数の文字ブロックを全面に入れると、繰り返される文字の内容が強い印象を与えます。例えば多数の商品を扱っているショップでその品名を羅列して構成すれば、たとえ商品名がはっきりと判別できなかったとしても多くの商品を販売していることをアピールできるのです。一部が隠された状態でも人の目は文字を文字として認識しやすくなっています。

「言葉を読ませる」だけではなく、文字を

文字がエリア内に余裕を持って収まるような構図は、端が切れるほど全面に文字をレイアウトした場合と比較すると、こぢんまりとして迫力に欠ける印象になってしまいます。

ひとつの「デザイン素材」として扱うことで、より強く情報を伝えることができます。

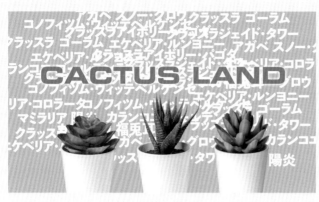

多くの商品名を
パターンのように
敷き詰める

多数のサボテンの品種名を背面に敷き詰めることで、扱っている商品の豊富さを訴求しています。一つひとつの文字ブロックは読みにくくても、多くの品種があることがアピールできます。

キャッチコピーを
はみ出すように
大きく構成する

領域内からはみ出すように大きくキャッチコピーをレイアウトした、強い印象を与える構図です。車の切り抜き画像で文字の一部が隠された状態ですが、見えている部分の形状や文脈から容易に読むことができるのです。

文字を写真画像の
前面全体に
重なるように入れる

写真画像の全体にそのまま重なるように文字を入れる構図です。キャッチコピーを強く印象付けるだけでなく、写真のイメージも強めることができます。

縦組み横組みを組み合わせる

- ☑ 日本語は縦組みと横組みを利用できる
- ☑ 組み合わせると視覚的なアクセントになる
- ☑ 文字を読むためにより強く人の目を留めることができる

Design Point ▶ 縦・横で視覚的なアクセント

　縦方向と横方向の2つの方向に文字を配置できるのは日本語の特性です。1つの領域の中で**縦組みと横組みを組み合わせてレイアウトすると、視覚的なアクセントになります。両方向の文字組みを同時に入れることで、文字を読むためにより強く人の目を留めることができる**のです。

　文章の文字組み方向を途中で変えて構成する手法は、キャッチフレーズなど目立たせたい要素に適しています。また、縦組み・横組みそれぞれの文字ブロックを1つの領域内に混在させることで、多様な情報があるることをアピールできるようになります。

横 組 み
横 組 み
を組み合わせる

文字組みの方向が一定だと、文字を読む上では特に注目されるポイントのない構成になります。

途中で文字組み方向を変えて注目を集める

キャッチフレーズの文字列を、途中で横組みから
縦組みに方向が変化する構成としています。ひ
とつの文章内で読む方向が変わることで、「読む」
動作上でのポイントになります。

縦組み横組みを
マークのように構成する

縦組みと横組みのキャッチフレー
ズを十字形のエリア内にキャッチ
フレーズのように構成し、より視
線を集めるポイントとして利用し
ています。

縦組みと横組みの文章を
混在させる

ひとつの領域内で、縦組みと横組
みの文章を混在させて構成する
と、さまざまな「意見」があるよう
に見せることができます。

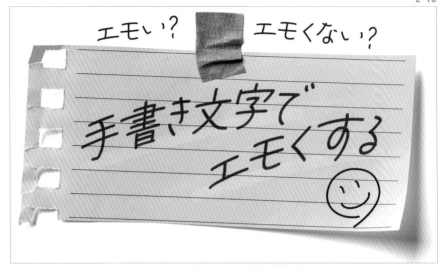

☑ 手書き風フォントでフリーハンドを再現するには工夫が必要

☑ 文字ブロックを傾けて右肩上がりに見せる

☑ 文字の向きや間隔を調整してあえてバランスを崩す

▶Design Point　手書き風フォント

　ここ数年好まれている旬なグラフィック表現として、手書き風タッチでタイトル文字を構成する手法があります。肉筆のように表現することで、親しみやすく「エモい」イメージを演出できます。実際に文字をフリーハンドで書かなくても、手書き風に見えるフォントを利用しても良いでしょう。

　ただ、手書き風フォントの文字をそのまま平坦にレイアウトしただけでは、あまり「エモい」印象になりません。**文字ブロックを傾けて右肩上がりに見せたり、あえて文字のバランスを崩したりしてフリーハンドらしさを強調すると、より柔らかく「エモく」なります。**

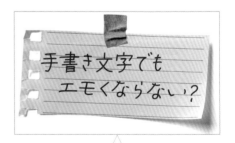

手書き風フォントを使用していても、文字の向きや間隔などを調整していないと、あまり「エモい」印象になりません。

\ Before /

\\ After //

手書き風フォントでそのまま構成

手書き風フォント「からかぜ」を使用し、キャッチコピーをそのまま入力したレイアウトです。文字の間隔も初期設定のままでは、文字がパラパラとした印象になってしまいます。

文字の傾きや一部の文字の外観をアレンジ

文字間隔を詰めて構成しました。また「キ」や「イ」「つ」などの文字は一部の線を伸ばして文字のバランスを崩し、より手書きらしさを出しています。また文字ブロック全体を斜めに傾けてレイアウトすることで、勢いよく書いたようなイメージになります。

欧文でも手書き風フォントがある

欧文の手書き風フォント「Spanish Signature」を使用。文字ブロックを傾けて斜め方向に構成し、筆記体を殴り書きしたような印象にしています。勢いよく書いたように見せるため、文字同士が接するように字間を詰めています。

- ☑ 文字だけのレイアウトは印象が弱くなる
- ☑ 文字をロゴタイプのようにアレンジする
- ☑ 視覚的なポイントになり視線を強く誘導できる

▶ Design Point　ロゴタイプ ※

　タイトル文字やキャッチフレーズに視線を留めてもらうには、何か視覚的なポイントが必要です。**文字をロゴタイプのようにアレンジすると視覚的なポイントになり、視線を強く誘導することができます。**

　ロゴタイプのようにアレンジするには、外観に特徴のあるデザイン性の高いフォントを使用すると良いでしょう。さらに文字同士の間隔や文字のサイズや角度を個別に調整して、ひとつのカタマリとして認識されるように構成します。文字の輪郭を部分的に調整したり、意味に即したワンポイントマークを追加したりするなどのアレンジは、文字全体をロゴとして見せるために有効です。複数の文字ブロックをロゴとして見せたいときには、文字ブロック同士を重ね合わせたり、全体を囲む要素を追加したりすると良いでしょう。

> 文字をロゴ化した場合と比較すると、通常の文字ブロックは印象が弱くなります。

円の囲みに文字を入れてロゴ化する

一つひとつの文字の角度やサイズ・位置を調整し、文字同士をバランスよく組み合わせます。円形の囲みを背景に置くことで、キャッチフレーズがロゴマークのように見えるようになります。

複数の文字ブロックをロゴ化する

複数の文字ブロックを囲むように背景を置き、文字ブロック同士を近接させることで、ひとつのカタマリとして見せています。背景から飛び出すように手書きイメージのフォントの文字を置き、ロゴマークの中での視覚的なポイントとしています。

シンプルな文字の輪郭にアレンジを加えてロゴ化する

シンプルな形状のフォントをもとに、文字の輪郭を部分的にアレンジしてロゴ化。特徴的な文字の端にある円形のマークを追加することで、日本語でもタイ語のような雰囲気を出すことができます。さらに「エスニック料理」のテーマに合わせた唐辛子のイラストを文字に絡めて、ロゴとして認識されやすくしています。

※「**ロゴタイプ**」とは、社名や商品名などを表す文字のデザインのこと。「**ロゴマーク**」とは、ブランドを識別するためのシンボルマークのことです。「**ロゴ**」という場合は一般的にロゴタイプのことを指します。

☑ 水平の状態では文字だけで「動き」を感じさせられない

☑ 文字に斜体をかけたり、配置を傾けたり、装飾を付けたりする

☑ 文字だけで躍動感やスピード感を表現できる

Design Point　文字の形状や配置

　文字の形状や配置の仕方をアレンジすることで、**文字だけで躍動感やスピード感を表現したり、楽しく元気な印象を与えたりすることが可能です。**イメージに合わせてフォントの種類を変えるだけでなく、伝えたいイメージにより近づくように文字の形状や配置の方法を調整して全体を構成します。

　例えば、文字に斜体をかけるなど水平方向に傾ける変形を与えると、スピード感を表現することができます。また水平垂直方向に文字を並べるのではなく、曲線に沿うように文字を配置したり、あえて一つひとつの文字サイズや角度を変えて構成したりするな

文字を水平に配置した状態では、文字だけで「動き」を感じさせることはできません。

どの工夫をすると、文字だけでも柔らかい印象や元気で楽しい雰囲気を出すことができるでしょう。

円弧上に配置して
ポップなイメージを
演出する

文字が円弧上に並んでいるように配置して、さらに角度を変えて階段の上を跳ねているように配置しています。階段状の色の境界線と合わせることで、弾んだイメージを出すことができます。

斜体をかけた文字で
スピード感を表現する

文字が斜め方向に引っ張られているように変形し、さらに右上上りに構成することで、スピード感を表現しています。

文字のアレンジサンプル

文字の形状や配置方法のアレンジ例です。シンプルなフォントを使用していても、文字の変形や配置の仕方を変えることで、異なる印象を出すことができます。

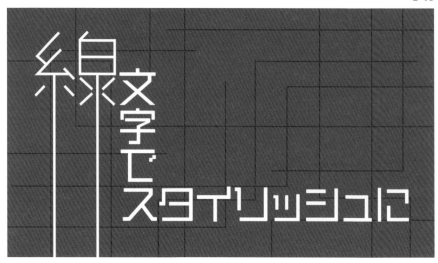

☑ 均一な太さの線で文字を構成する表現方法がある

☑ 直線は水平垂直・45度、曲線は正円に近いカーブに制限する

☑ クールでスタイリッシュな印象になる

▶Design Point　線文字

　ロゴタイプの表現方法のひとつとして、太さの均一な直線や曲線だけで構成するデザイン手法があります。一つひとつの文字ごとに正方形のエリアに沿った形状にするのではなく、文字ブロック全体で見たときにバランスが取れているように空間の分量や線の向きを揃えて構成します。

　直線は水平垂直・45度など方向を制限した線を使用し、曲線は正円に近いカーブを使用します。このような線を使用して文字を構成することで、文字が無機質なイメージになるのです。文字ブロック全体が、クールでスタイリッシュな印象になります。

「線」の文字に直線を強調したフォントを使用していても、線文字で構成したロゴタイプのような無機質な印象を出すことはできません。

カタカナを直線で表現する

カタカナを角度を限定したシンプルな直線として構成しています。一つひとつの文字は単独ではバランスが取れていませんが、文字ブロックとしてバランスが取れるように調整します。

漢字とひらがなを
直線と曲線で表現する

漢字も角度を限定した直線で表現します。ひらがなを構成する曲線は正円に近い曲がり具合の線にすることで、無機質なイメージを保つことができます。

欧文は斜体にすると
線の構成であることを
強調できる

欧文アルファベットは元来が線で構成された形状になっているため、線での構成を強調したいときには線に角度をつけると良いでしょう。水平・垂直のどちらかの線を均一な角度に傾け、さらに文字の位置をずらして全体のバランスを調整して構成します。

フォントファミリーと和欧混植

動画のタイトルやキャッチコピー、概要など複数の文字列をレイアウトするとき、それぞれの文言を目立たせようとデザインの異なるフォントを多数使用すると、がちゃがちゃとした印象になり、どの文言も埋もれてしまいます。まとまりのある仕上がりにするには、ウェイトの異なる「ファミリー」が提供されているフォントの利用をおすすめします。ひとつのフォントファミリーで全体を構成すると、文言ごとに変化を出しながら全体がすっきりと読みやすくなります。

また和文と欧文がひとつの文章にあるいわゆる「和欧混植」の文字列では、フォントの設定に注意が必要です。欧文も含めて日本語のフォントを指定すると、日本語フォント内のアルファベットは日本語の文字に合わせているため、欧文は少し大きめに、また字間など文字のバランスが不自然に感じる場合があります。欧文には欧文フォントを指定すると、欧文内のバランスが良くなります。ただし、同じ文字サイズでも日本語フォントと比較すると欧文フォントはひとまわり小さく見えます。欧文フォントを使用した和欧混植では、欧文フォントのサイズのみ大きめとして、和文とのバランスが取れるように設定することが必要です。

フォントを使い過ぎると読みにくくなります。

同じフォントでウエイトを変えるとまとまります。

日本語フォントですべて構成した状態です。

半角英数字を欧文フォントで構成した状態です。

Chapter 3

形・イメージの
きほん

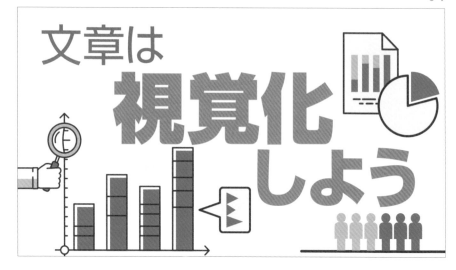

☑ 文字だけの構成は特徴のない印象になる

☑ 図で示された情報は直感的に理解できる

☑ 図版として視覚化することで、アイキャッチの役割にもなる

Design Point　視覚化

　文章だけで構成されているより、文章を補足する画像や図版が併せて表示されている方が、人の視線を引きつけることができます。**図解できる内容であれば、文章と併せて図を掲載すると、内容が直感的に理解できるのです。**図版として視覚化することで、アイキャッチの役割にもなります。

　また、ただ文章を列挙するのではなく、誰かのセリフのように構成することで、より受け入れられやすくなります。写真やイラストに吹き出しとして文章をレイアウトすると、親しみやすさが増して目に留まりやすくなります。

文字だけの構成は視覚的なポイントがなく、特徴のない印象になります。グラフや吹き出しと組み合わせるだけで、「視覚化」がどういうことを示しているのか分かりやすくなります。

\ Before / \\ After //

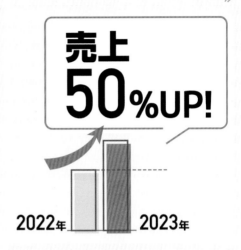

図解を入れると内容が理解しやすい

文字だけで構成するより、文字が意味する内容を図として追加することで、情報の内容が伝わりやすくなります。また、追加した図版はアイキャッチの役割にもなります。

キャッチコピーを吹き出しに入れて親しみやすく

文章を吹き出しに入れて構成すると、誰かのセリフとして受け入れられ、親しみやすい印象になります。

アイコンで フラットに

☑ 複雑な情報を文字だけで表現すると読みにくい

☑ アイコンは多くのイメージを端的に伝えられる

☑ フラットデザインのアイコンは現代的なイメージになる

▶Design Point ▶ アイコン

　複雑な情報を文字だけで表現しようとすると、サムネイルの狭い領域では読みにくくなります。**アイコンを利用することで、さまざまな情報を手軽に端的に伝えることができるばかりでなく、合理的・現代的なイメージのデザインにまとめることができます。**

　特にここ数年好まれているフラットなデザインのアイコンは、よりスマートな印象を与えることができます。カラフルなアイコンを使用すれば、シンプルな絵柄でも華やかなイメージになります。また、最もシンプルな線だけで構成されたアイコンは、より現代的でニュートラルな印象にまとめることがで

アイソメトリック（斜め上から見た等角投影法）で描かれたアイコンも近年は好まれています。アイソメトリックなアイコンは、イラスト要素として利用した方が内容が引き立ちます。

きます。伝えたい印象に合わせて、さまざまな表現でアイコンを活用すると良いでしょう。

**ラインアイコンで
効率性を訴求**

セミナーの内容を複数のアイコンで端的に表現しています。線のみで構成されたアイコンを使用して、効率性や合理性を訴求しています。

オンライン学習プラットフォーム
Fun School

**カラーアイコンで
楽しいイメージもアピール**

複数のアイコンでさまざまなコースがあることをアピールしています。またカラーアイコンとしていることで、楽しく明るい印象にまとめています。

**複数のアイテムを
ラインアイコンで表現**

さまざまなファッションアイテムがあることを、複数のアイコンで表現した構成です。ビジュアル要素が少ない場合の視覚的なアクセントとしてもアイコンは活用できます。

☑ ベタ塗りだけの構成は軽さがなく単調な印象になる

☑ パターンを使うとイメージ全体が明るく軽い印象にまとまる

☑ パターンは目を留めやすくなる効果もある

▶Design Point▶ パターン

背景や要素の塗りにベタではなく**パターンを使用すると、イメージ全体を明るく軽い印象にまとめることができます。視覚的な変化にもなり、ベタ塗りで構成した場合よりも目を留めやすくなる効果もあります。**

パターンを使用するときには、絵柄が煩雑に感じられないように配色には注意が必要です。パターンの構成要素を小さくしたり、図と地のコントラストを抑えたりするなど、全体のバランスを見て調整します。また、青海波（せいがいは）や麻の葉などの和柄を利用すれば和風のイメージに、アール・デコ調のパターンを利用すればモダンアートのイメージに

パターンを入れた場合と比較すると、ベタ塗りだけの構成は軽さがなく単調な印象になります。

できるなど、雰囲気を演出するための有効な素材としてもパターンは活用することができます。

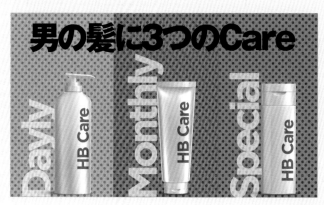

**ドットパターンで
軽妙さを出す**

背景にドットパターンを入れることで、全体のイメージを軽い印象にまとめています。3色のパターンを同じ図柄で入れ込むことで、統一感を出すことができます。

不規則なパターンで変化のある画面構成にする

さまざまな円を規則的に並べたパーツをランダムに配置したパターンで、不規則な規則性を出した画面構成です。このようなパターンも印象的な背景になります。

**パターンで和風の
イメージにする**

和柄のパターンを組み合わせると、和風のイメージを容易に表現することができます。パターンを構成する要素のサイズを小さくしたり、色のコントラストを下げたりして、全体の印象がうるさくならないように構成します。

☑ 素材がない場合は背景を無地でデザインする

☑ 背景と文字のコントラストがより重要になる

☑ 構図を工夫して視覚的なアクセントを作る

Design Point 無地の背景

　画像に入れ込むためのグラフィック素材が用意できないときには、いさぎよく**無地の背景で構成することで文字や商品ロゴなどをミニマムに強調する手法もあります。**構成次第で、逆に賑やかな背景よりも目立たせることができます。

　無地の背景で構成するときには、背景と文字のコントラストがより重要になります。色のコントラストを強めて文字要素がくっきりと目に映るように構成したり、構図で工夫して印象を強めたりしても良いでしょう。分割構図（P.38、P.40、P.46参照）や阿吽型構図（P.42参照）など特徴的な構図を作り

背景にパターンを入れた構成では、テーマや構図を工夫していないと特に印象に残りません。

出せば、無地の背景でも強い印象にまとめることができます。さらに罫線や記号などをワンポイントとして追加すれば、視覚的なアクセントになります。

まだその会社でがんばるの？

そろそろ転職考えてみない？

転職エージェント
YOUR **DO**

文字の阿吽型構図で
キャッチコピーを強調する

見る側に問いかけるような
キャッチコピーを阿吽型構図
（P.42参照）でレイアウトして
います。背景を無地にするこ
とで、コピーが強調された構
図になります。

SALE
50%OFF

コントラストで
文字を強調する

赤と黒という強いコントラスト
の2色で背景を分割し（P.46
参照）、大きな文字でコピーを
入れ込むことで、無地の背景
でも強い印象を出しています。

ほっとしに来て。

民宿 **すずめのおやど**

ワンポイントで
アクセントをつける

キャッチコピーにワンポイント
を入れて視覚的なアクセント
にした構図です。文字以外の
要素がない構成にすることで、
うるさくならずに癒しや余裕を
表現しています。

引き算の美学

☑ 装飾を足すことで平凡な印象を与えることがある

☑ あえて要素を少なくする場合がある

☑ 無地の背景にする場合は視覚的なアクセントを作る

▶Design Point 装飾の排除

　アクセントを追加したり図で表現するな
ど、要素を「足す」場合が多くあります。しか
し訴求したいイメージによっては、**掲載され
る要素が少なくなるように「引く」ことが重
要なこともあるのです。**

　十分に知名度の高いブランドでは、ブラ
ンド名ロゴマークの可読性を下げても全体
のイメージの統一感を優先した方が与える
印象は良くなります。またセールやイベント
の告知など内容がある程度予想できる情報
では、あえて文字だけで構成することで、見
る側の期待値を上げることもできます。

　なお、文字の一部のフォントやサイズを

訴求したいイメージによっては、装飾する要素があ
ることで平凡な印象になり、アクセントのつもりが
逆効果になってしまう場合もあります。

変更してアイキャッチにするなど、**無地の背
景にする場合は、視覚的なアクセントを作
るように工夫しましょう**（P.98参照）。

必要な要素だけを同系色の中でレイアウトする

商品の高級感を訴求するために、文字を含めた画
像全体をブルー系でまとめています。文字の可読性
が低くなってもコントラストを強くせず、全体が落ち
着いたイメージなることを優先しています。

文字の可読性を優先するとイメージが壊れる

商品を強く訴求するためのイラスト要素も、追加し過ぎ
るとうるさい印象になってしまいます。また文字の可読
性を上げるためにコントラストを強めると、全体がガチャ
ガチャと煩雑なイメージになります。

あえて文字だけで構成する

「SALE」の告知画像は商品写真が多く掲載された賑やか
なものになりがちですが、ブランドイメージを優先するため
にあえて文字だけで構成する手法もあります。コントラスト
の強い背景で印象が弱くなり過ぎないように演出します。

その要素は 必要ある？？

☑ サムネイルは限られた面積でデザインを行う

☑ 飾るための「あしらい」が多過ぎると読みにくくなる

☑ 要素を厳選することで全体のイメージを強める

Design Point　要素の取捨選択

サムネイルは限られた面積の画像になる場合が多く、狭い領域にさまざまな要素を詰め込んでしまうと、文字が読みにくくなったり、目立たせたい要素が印象に残らなくなったりするなど、マイナスの効果になってしまいます。特定の雰囲気を強調するための飾り罫やアクセントイラストなどの「あしらい」も、多くの要素を配置してしまうと目立たせたい要素が沈んでしまいます。主役にしたい要素を中心に、**主役を邪魔するような要素は思い切って掲載しない選択をした方が、全体の印象を強めることができます。**

どの要素を主役として使用するかは、伝

イメージを飾るための「あしらい」も、多過ぎるとタイトルが読みにくくなったり目立たなくなったりするなど、主役がわからなくなってしまいます。

えたい内容に合わせて取捨選択を行い、適した情報が伝わるように構成しましょう。

**伝えたい情報に合わせて
要素を絞り込むことが大切**

複数の要素を入れ込み過ぎてしまうと、どの要素も印象が弱くなってしまいます。

軽妙なイメージを強調したいとき

おしゃれで軽妙な雰囲気を訴求したいときには、イメージイラストのような画像を中心に見せて構成します。

実務的な印象を強調したいとき

実務的なイメージにまとめたいときは、リアルな印象の写真画像を元に構成します。1枚で主役になるような画像が準備できないときには、複数の画像を使用しても良いでしょう。

アクセントは...

≧3つまで

☑ 規則から外れた要素があると視線が誘導される

☑ ほかの要素との「違い」からアクセントが生まれる

☑ アクセントが多過ぎると、どの要素にも視線を誘導できない

Design Point **アクセント**

　一定の規則のもとに配置されている要素群があるとき、その**規則から外れた要素があると、自然に視線が誘導されます。この変化のある要素が「アクセント」です。**例えば、ほかの要素より色や形状・サイズなどに「違い」を出すことで、特定の要素がアクセントになるのです。

　アクセントがアクセントとして認識されるためには、そのほかの要素にある程度の規則性があったり、アクセント要素に突出した差異があったりする必要があります。また差異がある要素が多過ぎると、その違いが目立たなくなることからアクセントとして機

アクセントが...

いっぱい！

アクセントとなる要素が多過ぎると、ほかの要素との「違い」だけが多く画面上に存在することになり、どの要素にも視線を誘導できない結果になります。

能しなくなってしまいます。**1つのサムネイルの中では、アクセントは3つ程度に抑えた方が良いでしょう。**

**タイトルの1文字に
アクセントをつける**

1文字だけ背景として置いた
図形の形状や色を変え、文字
の色も変更することで、その1
文字がアクセントになります。

アクセントのない構成

すべての要素のサイズや色が統一され
規則的に配置された状態では、アクセン
トはありません。

1つのアクセントがある構成

1つの要素だけ色と形が異なっていると、
ほかの要素との差異が目立ち「アクセン
ト」になります。アクセントとして配置し
た要素に視線が集中します。

差異のある要素がたくさんの構成

差異のある要素がたくさんあり過ぎると、
アクセントが「アクセント」として機能し
なくなります。どの要素にも視線が集ま
らない状態です。

線は
ギリギリの
ラインで

☑ 文字に線を組み合わせると強調できる

☑ 細い線は繊細な、太い線は強いイメージを与える

☑ 複数の平行線を等間隔に配置するとリズムを出せる

▶Design Point ▶ 線

「線」はシンプルなグラフィック要素ですが、レイアウトの仕方によってさまざまな役割をこなすことができます。**線を文字と組み合わせることで、文字のアクセントとしても活用できます。**吹き出しのように見せるなど、ほかの文字と差別化して強調することもできます。

　線の太さの違いで、線の表情も変わります。細い線は繊細なイメージを、太い線は強い印象を与えます。また、**複数の平行線を等間隔に配置することで、一定のリズムが生まれ画面に変化を出すことができます。**

　領域を分断して境界を明確にすることは

線の
使い方が
平凡な印象

文字の下線として線を使用した例です。文字を強調することができますが、線が太過ぎたり文字との間隔が空いていたりすると、平凡な印象から抜け出すことはできません。

もちろん、視線を誘導するための要素としても利用できます。

エリアの境界と視線の誘導に線を利用する

タイトルエリアをより強調するための境界として線をレイアウトしています。また主役の要素となる商品画像に接するように線を配置すると、視線が自然に商品画像に集まります。

平行線を等間隔で配置してリズムを出す

タイトル文字エリアに行の罫線として複数の平行線を配置し、リズムを生み出した構成です。最上段の罫線だけ太さを変えることで、全体のアクセントにしています。

文字と線を組み合わせて文字を強調する

線と文字を組み合わせると、文字にさまざまな表情を与えることができます。吹き出しのように見せたり飛び出すような印象にしたりするほか、太い線を背面に組み合わせることで、マーカーでアンダーラインを引いたような強調効果も表現できます。

新商品発売!

＼新商品発売!／

── 新商品発売! ──

新商品発売!

☑ 3Dの表現は奥行きを感じさせる

☑ 文字やイメージにインパクトを持たせられる

☑ リアルな質感よりもマットな質感で

▶Design Point ▶ 3D

　3Dオブジェクトを使用した表現は、平面であるサムネイル画像に奥行きを感じさせて印象を強めることができる便利な手法と言って良いでしょう。手軽に文字やイメージにインパクトを持たせることができます。3Dと言っても写実的な質感や正確なレンダリング技術を必要とした**現実的な表現ではなく、マットな質感やアイソメトリックに構成した疑似的な空間イメージなどが、ここ数年好まれている表現です。**大理石や木などの質感を使用した3Dイメージは古臭い印象になるため、避けた方が良いでしょう。

　文字に厚みをつけて3D化したオブジェク

リアルな質感を表現した3Dイメージは古臭い印象になってしまいます。素材感が弱かったり、マットな質感だったりする3D表現が旬のイメージです。

トはアイソメトリックのイラストと相性が良く、組み合わせることでさまざまなシーンを表現することができます。

アイソメトリックな3Dを活用する

アイソメトリック図法で立体化した文字やイラストなどを組み合わせた3D表現は、ビジネス系グラフィックとして広く好まれているイメージです。さまざまなアイテムを表現することができます。

マットな質感の3Dオブジェクトで旬なイメージに

3D表現だけで画面を構成するときには、マットな質感のオブジェクトを使用してポップなイメージにまとめると、古臭いイメージになりません。シャドウや陰影も緩やかな階調で表現すると、旬なイメージになります。

3Dオブジェクトをアクセントとして利用する

3Dオブジェクトは写真画像のアクセントとしても利用できます。平面的なイメージ写真画像との対比で、目を引くワンポイントの役割にもなります。

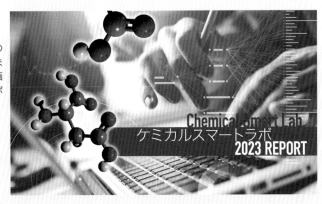

☑ 手描きの要素は「人」の存在を暗示する

☑ 不規則な輪郭はアイキャッチになる

☑「次に描かれるもの」を予想させ、想像力を膨らませる

Design Point 手描き

手描きの要素は「人」の存在を暗示していることから、親しみやすさを感じさせることができます。写真や一般的なフォントを使用した文字だけでは表現することができない存在感や柔らかさを訴求することが可能です。ワンポイントとして手描きの要素を取り入れると、アイキャッチとしても効果的です。滑らかな直線や曲線で構成される図形よりも、**手描きの要素の不規則な輪郭は人の目を集めることができます**。

また手描きであることによる不完全な印象は、見る側の想像をかき立てる効果もあります。**手描きであることにより、「次に描**

手描きイメージのフォントではなく一般的なフォントと写真を組み合わせても、親しみやすさや柔らかさを表現することはできません。

かれるもの」を予想させるような想像の余白を生み出すことができるのです。

手描きの要素を
ワンポイントに利用する

手描きのハートマークとラインをアイキャッチとして利用した構成です。滑らかな曲線ではなく手描きの線にすることで、柔らかい印象を出しています。

写真に手描きのイラストを
描き加える

未来をイメージしたイラスト要素を手描きのタッチで追加することで、見る側に未来を想像させる構成になります。

写真のキャプションを
手描きタッチで追加する

写真から引き出し罫とキャプションを手描きの線や手書き風フォント（P.82参照）で追加した構成です。手描きタッチにすると、親近感や温かさを表現することができます。

奥行き感で強調する

- ☑ 人の目は大きいものを近くに、小さいものを遠くに認識する
- ☑ 不透明度が下がると遠くに認識する
- ☑ ぼかしが大きくなると遠くに認識する

Design Point　不透明度とぼかしによる遠近感

　複数の要素を見たとき、手前にあるものほど強く印象に残ります。人の目は大きなものを近いもの、小さいものを遠くにあるものと認識しやすい特性があり、これを利用して要素の大きさを変えることで、平面上でも奥行き感を出すことができます。奥行きを感じさせる画面構成は、平坦な画面よりも深く印象的な構図になります。

　また、輪郭がはっきりしないものも、人の目には遠くにあるものと認識されます。**要素の不透明度を下げて背面を透かして見せたり、ぼかしなどの加工を行ったりすることで、要素が遠くにあるように表現できます。こ**

奥行きが感じられない画面は、物語性のない平坦な印象になります。

のようにして強調したい要素が手前に感じられるようにレイアウトすることで、印象が強くなります。

画像のサイズ・不透明度・ぼかしの変化による遠近感の違いを見てみましょう。画像のサイズを変えただけでは、要素の遠近はあまりはっきりしません。

不透明度を下げ、全体にぼかしを適用して輪郭を曖昧にすることで、同じ構成でも画面内に奥行きが出てきます。

不透明度とぼかしで雪の結晶の遠近を表現

強調したいタイトル周りは不透明に、また輪郭もくっきりと見せ、それ以外のイラストは不透明度を下げて輪郭をぼかすことで、深い空気感を演出することができます。

☑ イメージをぼかすと鮮明に見えなくなる

☑ 見る側が想像するための余地が生まれる

☑ さまざまな視点を投影しやすく、「エモい」印象になる

▶Design Point▶ ぼかし

　被写体の輪郭がくっきりとした写真画像は、映された内容の印象が見る側に残ります。あえて輪郭をぼかした画像にすると、被写体の印象は弱くなってしまいますが、構成によっては見る側の感情に訴えかける情緒感のあるイメージになります。被写体が鮮明になっていないことから、**見る側が想像するための余地が生まれるのです。さまざまな視点を投影しやすくなり、いわゆる「エモい」印象になります。**

　背景や近景など特定の要素をぼかすことでぼかしていない要素との対比が生まれ、ぼかしていない要素の存在感をより強める

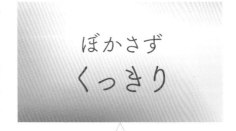

ぼかしていないくっきりとした画像は特に印象に残りません。

結果にもなります。商品画像は輪郭をくっきりと打ち出し背景イメージをぼかすなど、特定の要素を強調するためにぼかしを利用しても良いでしょう。

背景画像をぼかさず配置

写真画像をぼかさずに構成しています。すべての事物の輪郭がはっきりと目に入ってくるため、強く固い印象になります。

自分だけの「武器」、持ってる?
HBJ経営戦略塾

背景画像をぼかして配置

写真画像をぼかして構成しています。背景画像がぼけていることで、中央のキャッチコピーの存在感が際立ち、その内容がより直接的に感情に訴えかけてくるようになります。

「おはよう」のリズム

背景画像をぼかして近景の商品画像を強調する

背景の人物をぼかして構成することで柔らかさや暖かさをより強く訴求できます。また近景のくっきりとした輪郭を持つ商品画像の存在感も強めることができます。

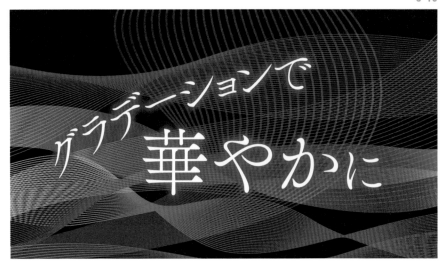

☑ 単色だけでまとめた背景はシンプルな印象になる

☑ グラデーションを背景に使用すると華やかな印象になる

☑ 立体的な奥行きを感じさせることもできる

Design Point グラデーション

　グラデーションの塗りつぶしを背景など
に使用すると、その領域に立体的な深みが
増して華やかな印象になります。同系色の
濃淡のグラデーションでは、より立体的な
奥行きを感じさせることができます。明るい
部分に視線が引きつけられる結果にもなり
ます。

グラデーションを使用していないと、シンプルな印象になります。

　色相がさまざまに変化するグラデーショ
ンでは、色の変化が緩やかに見えるように
構成します。色の変化が極端なグラデーショ
ンは、派手な印象にはなりますが安っぽい
外観になってしまいます。自然にグラデー
ションの色が変化しているように見せること
で、華やかでスタイリッシュな印象に見せる
ことが可能です。

グラデーションで立体感を表現する

青系と緑系の領域それぞれに同系色のグラデーションでの塗りつぶしを適用しています。それぞれ画像の中央エリアに明るい色が配置されるようにして、中央部に視線が集まるように構成しています。

色の変化が極端な多色グラデーション

極端に色相が変化するグラデーションは、華やかで明るい印象にはなりますが、同時に安っぽく見えてしまいます。

色の変化が緩やかな多色グラデーション

色が緩やかに変化していくグラデーションは、色相の異なる多数の色を使用していてもスタイリッシュにまとめることができます。

グラデーションで柔らかく

- ☑ グラデーションを柔らかい印象にするには2つの方法がある
- ☑ 明度の高い色同士のグラデーションにする
- ☑ 色の変化の割合を緩やかにする

▷Design Point 明度の高いグラデーション

　柔らかいイメージを出したいときには、明るい色のグラデーションが効果的です。**明度の高い色が緩やかに変化するグラデーションは、優しく柔らかい印象を与えることができます。**直線的に色が変化するのではなく、同心円状に色が変化していくなど曲線を感じさせるグラデーションにすることで、より柔らかい印象を強めることができます。

　グラデーションの色の変化は、視線を誘導するために利用することも可能です。強調したい要素の背景に明度の高い色があるように構成することで、見せたい箇所に視線を集めることができます。

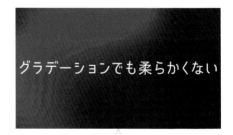

明度の低い色を使用し、さらに色の変化の割合が急激なグラデーションは、柔らかさを表現することはできません。

　またグラデーションを適用した要素が重なり合うように構成すると、深みのある表現になります。

**白〜黄〜緑の
グラデーションで
柔らかさと爽やかさを
訴求する**

白・黄・緑を基準に複雑に色
が変化するグラデーションを
背景に置いて、柔らかさと同
時に爽やかさや洗練されイメー
ジも出しています。

**イラストの背景に
明度の高い色を置く**

黄〜黄緑のグラデーションの
うち明度の高い黄色い領域を
イラストの背景にすることで、
イラストの存在感を強めてい
ます。

**複数のグラデーションを
重ね合わせる**

グラデーションで塗りつぶした
複数の曲線の帯を複雑に重
ね合わせると、柔らかさと同時
に独特の深みのある表現にな
ります。柔らかさだけでなく、
上質な印象も訴求することが
できます。

線と塗りを ずらして 軽快に

- ☑ 版ズレのように見せるデザイン手法がある
- ☑ 外観の不完全さを生み出すことで軽快な印象になる
- ☑ 視線を集めるアクセントにもなる

▶Design Point 版ズレのように見せる

デザイン手法のひとつとして、線と塗りの位置をずらして版ズレのように見せる表現があります。**位置のずれが外観の不完全さを生み出すことで、軽快で親しみやすいイメージになります。**

線と塗りをずらす表現を文字に対して行うと、柔らかく楽しい印象を与えることができます。**タイトル文字やキャッチコピーに利用すると、視線を集めるアクセントにもなります。**吹き出しなどのワンポイントの図形も線と塗りをずらすことで、より軽快な雰囲気を表現できるでしょう。

また線画のイラストの着彩を部分的にず

線と塗りを 合わせて 普通に

線と塗りの位置が合致していると、特別な印象もなく平坦な構成になります。

らす表現は、ここ数年好まれているデザインタッチでもあり、旬な印象を与えることができます。

**タイトル文字とイラストで
線と塗りをずらす**

タイトル文字とイラストの両方
の要素で、輪郭線とその塗り
つぶしの位置をずらして軽快
さを出しています。

**吹き出しで
線と塗りをずらす**

文字やイラストのほか、吹き出
しなどの図形でも輪郭線と塗
りつぶしの領域をずらす表現
を取り入れることができます。
ベタ塗りの代わりにパターンを
利用すると、より軽快な印象
になります。

**イラストの着彩を
軽快にする**

線画イラストの着彩に位置を
ずらした塗りを適用しています。
輪郭に合わせてすべての領域
を塗りつぶすのではなく部分
的に着彩すると、より軽快な
印象になります。

☑ 写真を矩形のままで使用することを「角版」と呼ぶ

☑ 絵柄の輪郭で切り抜いて使うことを「切り抜き」と呼ぶ

☑ 「切り抜き」は輪郭線が変化を与えて新鮮な印象になる

▶Design Point◀ 切り抜き写真

　写真画像を絵柄の輪郭で切り抜いた状態でレイアウトに利用すると、矩形のままで使用する「角版」よりも躍動感を出すことができます。**不規則な形状の輪郭線が画面に変化を与え、新鮮な印象の構図になります。**

　切り抜きの写真画像同士はもちろん、文字や図版などほかの要素と重ね合わせることで、画面内に奥行きを表現することも可能です。背景要素とも合成が容易になり、さまざまなイメージを演出しやすくなります。

　複数の切り抜き写真をコラージュするように合成して印象的な画面を作り出すなど、アーティスティックな表現に適しています。

写真画像をそのまま角版として利用すると、「写真」としての印象から離れることができません。ほかの要素との前後関係も、シンプルな構図になります。

人物写真の切り抜きで躍動感を出す

人物の写真を切り抜きで使用して位置や向きを自由にアレンジすることで、躍動感や楽しいイメージを訴求しています。背景画像との合成も容易になります。

複数の切り抜き要素を重ね合わせて「場」を演出する

文房具をひとつずつ撮影した写真画像をもとに、それぞれを切り抜きで重ね合わせることで、机の上に乱雑に文房具を並べたようなイメージに構成しています。

☑ アナログのデザイン素材を使う手法がある

☑ デジタルの中で使うと新鮮で強い印象を与える

☑ 利用する素材によってさまざまな表現が可能になる

Design Point　アナログ素材の利用

　色褪せた紙や筆で描いた掠れた線などの**アナログ素材をイメージした表現は、デジタルイメージの多い昨今、特に目を引く効果があります。**アナログ効果は新鮮でユニークな印象を与えることができるのです。

　実際の紙素材をイメージした画像を背景に利用したり、筆で描いた掠れた線や水彩絵の具の滲み、インクを垂らしたイメージを使ったりするなど、アナログ素材にはさまざまな表現があります。和紙や古紙などの紙素材を利用すると柔らかいイメージを演出することができます。ひび割れた壁や不規則なインクの染みなど、あえて汚れた素材は

アナログ素材によるテクスチャを使っていない構成は、特に印象に残らないイメージになります。

「グランジテクスチャ」とも呼ばれ、クールでスタイリッシュな印象になります。表現したいイメージに合わせて、さまざまなアナログ効果を楽しむと良いでしょう。

横浜文化大学社会学部メディア専攻

破れた段ボール紙を
背景に利用

段ボール紙が大胆に破れているイメージを活用し、段ボール紙の上下の間に文字をレイアウトすることで、文字が段ボール紙を破って現れたような、強い印象にまとめることができます。

グランジテクスチャで
クールな印象に

ひび割れて汚れた壁のイメージ画像を背景に、欧文だけでイベントの情報を掲載しています。色も黒のみに統一して、スタイリッシュな印象に構成しています。

黒板イラストで
柔らかい印象に

黒板にチョークで野菜のイラストを描いたイメージで構成しています。手書き風フォントを組み合わせて、柔らかく親しみやすい印象にまとめています。

☑ 「アブストラクト」とは「抽象芸術」のこと

☑ 具体的な要素は事物の持つイメージが強く出てしまう

☑ 無機質な要素は先進的なイメージを与える

▶ Design Point アブストラクト＝抽象芸術

「アブストラクト」とは「抽象芸術」のことで
す。**幾何学図形やパターンなど抽象的なイ
メージで構成された画像は広くアブストラク
トと呼ばれ、昨今さまざまな場面で好ま
れています。**アブストラクトの無機質な構
造は、先進的なイメージにもつながります。
また彩度の高いカラーを使用することで、
明るく楽しいパターンのように利用すること
も可能です。

具体的な事物を使用した画像は、その事物の持つ
イメージや印象が強く出ます。

　具体的なグラフィック素材が少ない場合
の背景として、アブストラクトはとても便利
です。ひとつの画像を構成する幾何学図形
それぞれをパーツとして扱うことでバリエー
ション展開を制作することも容易なため、シ
リーズ化したいコンテンツのタイトルイメー
ジなどに使用しても良いでしょう。

彩度の高いカラーを使用して
明るくPOPに

背景に彩度の高い色を使用したグラデーションに小さな円形や×マークなどを重ね合わせたアブストラクトイメージを使用しています。彩度の高いカラーを使用すると、明るく賑やかな雰囲気になります。

技術で明日をつくる

Paradise Architect

会社説明会開催

淡いグラデーションで
柔らかさと先進性をアピール

淡い色を使用したグラデーションを抽象的な形に切り取って重ね合わせた画像を背景として利用しています。抽象的な形状でも淡色を使用したり輪郭を曖昧にしたりすることで、先進性とともに柔らかいイメージを出すこともできます。

パーツの配置を変えて
バリエーションを作成する

円や四角形などの幾何学図形それぞれをパーツとして用意しておけば、位置やサイズ・カラーリングを調整することで容易にバリエーションを作成することができます。シリーズ化したいコンテンツのタイトルバック画像などに活用できます。

カスタマーサクセスのための

オンラインセミナー

■ 経営者・マネージャー向け

■ 有料会員限定

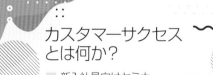

カスタマーサクセス
とは何か？

■ 新入社員向けセミナー

■ どなたでも受講可能

☑ 静止した画像でも時間の流れを表現できる

☑ 時間の経過を具体的な画像として見せる

☑ アナログ時計などは直感的に時間の流れを感じさせる

▶Design Point 時間の経過をイメージさせる画像

24時間継続したサービスや季節を問わずに使用できる商品の訴求など**時間の経過を表現したいときには、その「経過」を具体的な画像として見せることが大切です。**静止した画像で時間の流れを表現することになりますから、過ぎていく時間や移り変わる季節を写真やイラストなどでリアルに見せて、視覚的に理解してもらうのです。

また時計や日めくりカレンダーなど、時間を感じさせる要素を絡めて表現しても良いでしょう。時計の針が動いているように見せたり、砂時計の砂が落ちるイメージにしたりすることでも、時間の経過を感じさせること

「アナログ時計」という要素がなくなったことで、時間に関するイメージは薄くなってしまいます。

ができます。季節や周囲の景色が変化していることを表現すれば、静止画でも時間の経過を感じさせるイメージを構成することが可能です。

4種のイラストイメージで24時間を表現する

時間帯の異なる空をイメージしたイラストと中央部にアナログ時計のポイントイラストを置くことで、「24時間」継続したサービスであることをアピールした構成です。

**スパイラル状の
アナログ時計で
時間の経過を表現する**

刻一刻と時間が過ぎていくことを、スパイラル状に文字盤が配置されている架空のアナログ時計のイメージで表現しています。時間の経過によって焦るような気持ちに訴求する構成です。

**季節の変化を「ファスナー」
で表現する**

夏と秋の森の写真画像をもとに、ファスナーで画像が切り替わるようなイメージに構成し、季節の移り変わりを表現しています。

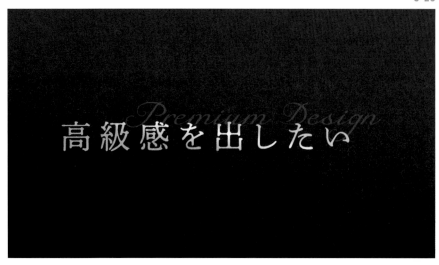

☑ 彩度・明度を抑えた色でトーンを同一にまとめる

☑ 細いウエイトのフォントで文字のジャンプ率を下げる

☑ 装飾のあしらいは繊細なパーツで構成する

▶Design Point 彩度・明度・トーン・フォント・ジャンプ率

　高級なイメージを演出したいときには、使用する色や文字要素などでいくつかのポイントを押さえて構成することが大切。**彩度・明度を抑えた重厚感のある色を使用すると、落ち着きのある高級なイメージを出しやすくなります。さらに、トーンを同一にまとめることで、より特別感が強くなります。**

　文字はウエイトが細く繊細な印象を持ったフォントを使用します。日本語なら明朝体、欧文ならセリフ体が適しているでしょう。文字のジャンプ率を低く抑え、使用する文字のサイズ差が小さくなるように構成します。

　また装飾のためのあしらいの要素も、細

装飾的なフォントや彩度の高い色、文字のジャンプ率の高い構成は高級感を出しにくくなります。

い罫線など繊細なパーツを中心に構成します。これらのポイントを取り入れて構成することで、高級感を訴求することができます。

ブラウン系で統一して構成する

彩度・明度の低いブラウン系の色を主に使用し、同系の明度の高い色で文字を構成しています。色数や色味を抑えて構成することで、高級感を出すことができます。

ウエイトが太い文字で
ジャンプ率を高く構成

ウエイトが太い文字を使用しジャンプ率の高い構成にすると、あまり高級なイメージを出すことはできません。罫線などの装飾パーツも主張が強いと高級感とは逆の印象になってしまいます。

ウエイトが細い文字で
ジャンプ率を抑えて構成

細いウエイトのフォントを使用し、サイズの差異を抑えたジャンプ率の低い構成です。装飾パーツも繊細な印象のものを使用することで、高級感のある仕上がりになります。

☑ 郷愁やもの悲しさも含んだ微妙な感情を表現する

☑ 背景をぼかした写真が向いている

☑ 手書き風フォントで手書き感を強調する

▶Design Point ぼかし・手書き風フォント

「エモい」とは、感傷的・詩的であり郷愁やもの悲しさも含んだ微妙な感情を表現する言葉です。見る側の感情に強く訴えかけるビジュアル構成にする必要があります。

使用する画像は光の印象が強調され被写体以外の領域が強くぼかされている写真や、アニメのセル画のようなイラスト表現を選択します。**すべてにピントがあったくっきりとしたイメージよりも、想像の余地を残している画像が適しています。**

手書き風フォント（P.82参照）は右肩上がりにしたり、一部の線を伸ばしたりして**あえてバランスを崩すことで手書き感を強調で**

同一の画像を使用していても、フォントが異なると「エモさ」を出すことはできません。

きます。 また線文字（P.88参照）やレトロなイメージのフォントを使用して郷愁を誘う構成にすることでも、「エモさ」を演出することができるでしょう。

線文字でスタイリッシュな「エモさ」を出す

昨今好まれているタイトル文字を線で構成した「線文字」（P.88参照）にすることで、スタイリッシュなエモさを出しています。

レトロフォントで「エモさ」を出す

昭和レトロな題材では、レトロイメージのフォントを使用して「エモさ」を出します。文字の周囲に明るいぼかしを入れることで、柔らかい印象にしています。

Before

After

写真のままの構成とセル画のように加工した構成

色味を明るく調整し輪郭線を強調してセル画調に加工したイラストを使用した構成の方が、写真をそのまま使用した場合よりも「エモい」印象になります。

☑ 文字のジャンプ率を上げて大きさの違いを対比させる

☑ 文字と背景の明度にコントラストをつける

☑ あえて見切れるようにレイアウトする

Design Point　ジャンプ率・明度・見切れ

　見る側に強さを感じさせるインパクトを残せるかどうかは、ひとつの画像の中に大きな「違い」があるかで決まります。特に変化のない要素だけを並べても強い印象は残せません。要素同士を対比させぶつけ合わせることで印象を強めるのです。

　例えば**文字のジャンプ率を上げて大きさの違いを対比させると、大きな文字の印象が強くなります。**また補色同士のように色相が全く異なる色で画面を分割することでも、「違い」が強調されインパクトが出ます。

　写真画像の構図に工夫を凝らしても良いでしょう。一部を極端に大きく見せるなど

タイトル文字がすべて同じ大きさで構成されていると、全体が平坦で弱い印象になってしまいます。

現実とは異なる意外性のあるトリミングや構図にすることで、見る側に強い印象を残すことができます。

文字のジャンプ率を上げて構成する

文字の大きさの差である「ジャンプ率」を上げることで、インパクトを出した構成です。さらに人物がタイトル文字の前にいるように見える構図にして、奥行き感も加えて印象を強めています。

色の対比で印象を強める

黒と赤の色面を対比させるように構成し、インパクトを出しています。商品画像を傾けて配置し、同じ角度で背景の色面の切替えを商品の背面に置くことで、自然に視線が色面の境界＝商品の画像に向くように構成しています。

意外性のある構図でインパクトを出す

人物の写真と極端に拡大した手元とスマートフォンの画面画像を組み合わせた、意外性のある構図でインパクトを出しています。

☑ 角のない曲線で構成された要素を使う

☑ コントラストを弱めた明度の高い色にする

☑ 「かわいらしい」印象のフォントを選ぶ

Design Point 曲線・明度・フォント

　人は攻撃性を感じさせないもの、柔らかく親しみやすいイメージを微笑ましく思い「かわいい」という感情が生まれます。角のない曲線で構成された要素は、柔らかさを感じさせるものの典型です。使用するフォントも角がくっきりと立っている形状より、角丸やラフなフォルムの手書き風フォントの方がかわいらしい印象につながります。角がくっきりと立たないという点では、イラストや罫線などのあしらいの要素も手描きのタッチを取り入れるとかわいらしさを演出できます。

　使用するカラーもコントラストを弱めた配色が適しています。明度の高い色を使用す

背景が同じ画像でも、フォントと色が異なることで「かわいらしい」印象とはかけ離れたイメージになります。

ると、より柔らかい印象になるでしょう。柔らかさ・親しみやすさをベースに使用する色や形状、あしらいの要素を選択します。

手描きタッチの
イラストと文字で
かわいらしくまとめる

手描きタッチのイラストを主体に構成して、かわいらしいイメージにまとめています。タイトル文字にもフリーハンドで書いた線を使用することで、より親しみやすい印象になっています。

手描きタッチのイラストで
ワンポイントイラストを
追加する

写真画像のあちらこちらに手描きタッチのイラストを落書きのように散りばめることで、華やかさと親しみやすさを強調しています。タイトル文字も線端が丸い形状のフォントを使用することで、柔らかい印象を強めています。

円をビジュアルの
キーポイントにする

背景のドットパターンや各商品写真の背面を円形にして、「円」を画像内のキーポイントとして利用し柔らかい印象を出しています。明度の高い色を使用することで、よりかわいらしい印象になります。

☑ 軽やかさとは自由で柔軟に動くこと

☑ 余白を多く取って自由な空間を感じさせる

☑ 手書き風フォントや筆記体フォントを使用する

▶Design Point◀ 余白・フォント

　軽やかさとは、「自由で柔軟に動くことができる」ということでもあります。ぎちぎちに詰める構図ではなく、**余白を多く取って自由な空間を感じさせる構図にすることで、軽やかな印象を与えることができます。**

　また、定規で引いたきっちりとした直線よりフリーハンドの自由な軌跡の方が、軽やかさの表現に適しています。このため、**文字には手書き風フォントや筆記体フォントを使用すると良いでしょう。** どっしりとした太いウエイトの文字よりも、細いウエイトの文字の方がより軽い印象になります。

　パステルや色鉛筆などタッチの中にかす

ぎちぎちに詰まったフォルムのフォントでは、軽やかではなく暑苦しい印象になってしまいます。

れた空白の領域が残るような画材も、軽やかさを表現することができます。これらの画材で描いたタッチを組み合わせることで、軽やかなイメージを強調することができます。

囲みに余白を取って
軽やかな印象にする

写真画像の囲みに余白のエリアをとることで、全体を軽やかな印象にしています。欧文のキャッチコピーも筆記体のフォントを使用し、軽快なイメージを強めています。

ここちよい
やわらかい

オーガニックスキンケアシリーズ Hada-Kokyu

パステルの背景パターンで
軽やかさを出す

キャッチコピーの背景にパステルで描いたようなランダムなタッチを置き、軽やかさを出しています。パステルや色鉛筆は塗りつぶしの領域内に空白が入ることで、「軽い」印象になります。

透明水彩タッチの
イラストで軽やかさを出す

使用するイラストを透明水彩タッチにして、全体を軽やかな印象にしています。透明水彩の不規則な塗りつぶしを背景にも使用して、より軽いイメージにまとめています。

☑ コントラストの弱い明度の高い同系色でまとめる

☑ 緩やかな曲線で構成されたパーツを使う

☑ 丸ゴシック系のフォントを選ぶ

Design Point 明度・トーン・曲線・フォント

　優しい印象に見せるためのポイントは、コントラストの弱さと緩やかな曲線です。境界がくっきりとしたコントラストの強い配色は避けて**明度の高い同系色でまとめる**など、全体の印象が強くならないように構成することが重要になります。

　使用する要素は柔らかさや親しみやすさを感じさせるような、**緩やかな曲線で構成されたパーツが適しています**。鋭角を持つパーツは画面に緊張感が出てしまうため優しい印象からは離れてしまいます。

　使用する文字も線端や角に丸みを持った**丸ゴシック系のフォントにすると、全体を**

コントラストが強い配色や鋭角のパーツを持つ要素は、強い印象になり「優しさ」から離れたイメージになってしまいます。

柔らかく優しいイメージにまとめることができるでしょう。

手描きタッチのイラストで優しい印象にする

明度の高い色合いでさらに手描きタッチのイラスト
を使用してより柔らかく親しみやすい印象に構成し、
優しいイメージにまとめています。

曲線パーツで柔らかい印象をアピールする

緩やかな曲線を主体にした要素を追加し、柔らかい印
象を出しています。明度の高い同系色で構成した要素
を文字の背景に使用して、写真画像のくっきりとした印
象を和らげます。

キャッチフレーズを曲線上に構成する

キャッチフレーズを緩やかな曲線に合わせてレイアウトすると、柔らかく優しい印象
になります。明度の高いトーンの写真画像を使用し、全体の印象をよりソフトにし
ています。

141

ぼかしなどの画像加工について

表現したいデザインイメージに近付けるためには、写真画像にさまざまな加工を適用することも欠かせないデザイン手法のひとつです。画像を加工することで、元の画像のままでは伝わりにくいこともアピールしやすくなるでしょう。

例えば元の画像はフルカラーでも、あえて彩度を落とすことで、前面にレイアウトする文字を目立たせたり、特定の要素だけ彩度をそのままにしたりするなど、別の要素を引き立てるように構成することができます。

別の要素を引き立てるための加工では、画像をぼかすことも効果的です。ぼかしの度合いを調整することで遠近感を表現でき、またぼかすことで情緒のあるイメージにも仕上がります。

Adobe Photoshopなどのツールを利用すれば、さらにさまざまなイメージに画像を加工することも可能です。色調を変化させてファンタジックなイメージにしたり、全体にレンガや砂岩のざらっとした質感を追加したりするなど、現実に撮影することは難しいイメージも手軽に表現することができます。表現したいイメージに合わせて画像を加工することも、デザイン工程のひとつとして考えておきましょう。

元の画像

彩度を落とした画像

ぼかした画像

フィルターをかけた画像

Chapter

4

タイプ別
サムネイルデザイン

「やってみた」系動画 のサムネイルデザイン

▶ Design Point ▶ アイキャッチとして人物のイメージを挿入

「やってみた」系の動画サムネイルは、アイキャッチとして人物のイメージを挿入すると効果的です。写真またはイラストのどちらでも良いので、**「この動画の向こうに誰かが存在している」ことを訴求することで、閲覧した人の目に留まりやすくなります。**実際に動画で歌っている本人ではなくイメージモデルの写真画像を使用するときには、トリミングを工夫すると（P.54参照）、人物本人の印象を抑えながらインパクトを強めることができるでしょう。

またタイトル文字をあえてエリアからはみ出すように大きく表示し、切り抜きで使用し

人物のトリミングや文字の挿入が平凡な構成では、強い印象を与えることができません。

ている人物の写真画像と重ねるようにレイアウトすると、領域内に奥行きを感じさせることができます。立体的な印象でより目を引く構図になります。

ゲーム実況系動画のサムネイルデザイン

> **Design Point** ゲームのイメージに合わせた雰囲気を再現

ゲーム実況系の動画サムネイルでは、ゲームのイメージに合わせた雰囲気を再現することで、そのゲームに興味のある人を引きつけることができます。楽しいゲームなら楽しさ、ホラー系なら怖さ、アクション系なら激しさが伝わるように構成します。ゲームの画面イメージを利用する場合は、発売元のゲーム会社が許可しているかどうかをあらかじめ確認しておきます。

ゲームの画面イメージを使用する場合は、色の情報が多くなり過ぎないように注意が必要です。全体を囲む罫線を追加したり、コントラストを高めた色の帯を入れたり

囲み罫と色の帯を取ってしまうと、タイトル文字がゲームの画面イメージの中に埋もれて弱い印象になってしまいます。

するなど、はっきりとしたアクセントを加えます。また縁取りを追加してタイトル文字が読みやすくなるような処理をしても良いでしょう。

スポーツ系動画のサムネイルデザイン

▶Design Point 　直接的なイメージの画像を主体に構成

　スポーツ系の動画サムネイルでは、サッカーならサッカーボールなどそのスポーツの直接的なイメージの画像を主体に構成します。可能であれば、**プレイしている人物の写真やイラストを主役の要素として目立つように入れ込むと良いでしょう**。「日の丸構図」（P.36参照）にすると、中央に配置したプレイしている人物の印象が強くなります。

　またパワーやスピード感を訴求したい場合は、文字などの要素を斜め方向に角度をつけてレイアウトすることでスピード感を（P.58参照）、さらに黒と黄／赤と黒／赤と緑などコントラストを強めた配色にすること

コントラストが弱い配色では、全体の印象も弱くなります。また、文字要素などに角度がついていないと、スピード感を出すことができません。

で力強さを演出することができます（P.66参照）。アピールしたいイメージに合わせて色のコントラストを調整しましょう。

ダイエット系動画のサムネイルデザイン

>**Design Point** どんな方法で行うのか、わかりやすい画像を使用

ダイエット系動画のサムネイルでは、実際にどのような方法でダイエットを行うのが端的にわかりやすい画像を使用します。**筋トレやエクササイズなどは、実際にそのトレーニングを行っている画像が良いでしょう。**室内で行う運動なら、人物を切り抜きにせず室内での運動風景画像をそのまま利用します。二分割構図（P.38参照）や三分割構図（P.40参照）にすれば、画面に目を引くポイントを作ることができます。

初心者向けに親しみやすさをアピールしたいときは、ダイエット動画のポイントを手書き風フォントでキャッチコピーのように入

タイトルが写真画像にそのまま重なっている状態では、どこまでがタイトルなのかが分かりにくく読みにくい構図です。動画のポイントも通常のフォントで挿入すると、うるさく感じてしまいます。

れ込むことでも、「始めやすさ」を印象づけるために効果的です（P.82参照）。

子ども向け動画のサムネイルデザイン

>**Design Point**　「わかりやすさ」を重視したあしらいを意識

　子どもに見せるための動画サムネイルでは、より「わかりやすさ」が重要になります。特に日の丸構図（P.36参照）は視線を集中させやすくおすすめです。**タイトル文字をロゴのようにキャッチーで特徴的な外観にアレンジすると、より視線を誘導しやすくなります**（P.84参照）。

　子ども向けの画像では、色に関する配慮も必要です。色の認識ができるようになってから間がない低年齢の子ども向けには、彩度やコントラストが高い色を使用して内容が認識しやすいように構成しましょう。わかりやすいことが大切なのです。

ロゴ化していない文字では印象が弱くなります。またコントラストが弱い配色では、注意を引きつけることができません。

ハチワレ生活日記 Vol.5

ペット系動画のサムネイルデザイン

▶ Design Point　柔らかさ、やさしさ、親しみやすさを表現

　ペットのかわいらしい姿を収めた癒し系の動画のサムネイルは、内容と同じように柔らかさ、やさしさ、親しみやすさを表現します。**手書きのようなイメージのフォントを使用したり、角のない曲線の要素を多用したりして、攻撃性のないやさしいコンテンツであることを訴求しましょう。**落書きのようなイラスト要素を組み合わせることも効果的です（P.110参照）。

　また自宅での撮影動画から切り出した画像を使用する場合、印象が薄いときは工夫した囲み罫を加えると「編集されている」印象が強くなり写真の見栄えが良くなります。

角張ったゴシック体の文字や角のある要素は硬い印象になり、癒し系動画の魅力が伝わりません。また囲み罫がないと、スナップ的な写真は印象が弱くなってしまいます。

囲み罫のバリエーションは、P.50を参照してください。

HowTo系動画のサムネイルデザイン

▶Design Point 制作系ならば、成果物の画像を主役として大きく

　制作系HowToの動画サムネイルでは、対象となる成果物の画像を主役として大きく掲載します。最終的な制作物の魅力が伝わるような写真を使用しましょう。

　また、**完成度の高さを感じさせるように構成することも大切です。画像全体を「詳細に作り込まれている」印象にするのです。**具体的には、タイトル文字に1文字ずつ囲みを加えるなど文字ロゴのような仕上がりにすると印象が強くなります。2行のタイトルなら、1行ずつデザイン処理や色を変えて変化を出しても良いでしょう。背景に色を重ねた領域を追加したり、手書き風フォントで

タイトル文字の処理があっさりしていると、成果物に対する興味を引くことができません。「作り込んでいる」印象になるような工夫が必要です。

キャッチコピーを挿入したりするなど（P.82参照）、タイトル文字以外に2〜3の要素を追加して視線を留めるように構成します。

ノウハウ系動画のサムネイルデザイン

Design Point わかりやすさと正確性を表現

　ノウハウ系の動画の閲覧者はわかりやすい情報を求めています。同時に、提供する情報の正確性を表現するために、動画配信者をイメージした写真画像やイラストを挿入すると良いでしょう。初心者に向けた情報提供では、いわゆる「初心者マーク」を掲載することで、わかりやすいアピールになります。

　また**一部の要素に角度をつけることで、全体が軽快なイメージになります。タイトル文字では丸ゴシック系のフォントを使用すると、信頼性を担保しながら柔らかくやさしい印象に構成できるでしょう。さらに**輪郭と塗りつぶしの領域をずらした文字デ

明朝系のフォントは少し硬い印象になってしまうため、初心者向けの動画サムネイルには基本的には不向きです。また、すべての要素を水平垂直方向だけで構成すると、より重苦しい印象になってしまいます。

ザイン（P.120参照）にすると、より軽快で柔軟な印象を与えることができます。

料理レシピ系動画のサムネイルデザイン

▶Design Point　食材や料理に近い色を基準に使用

　料理レシピ系の動画サムネイルでは、完成品となる料理を美味しそうに見せて「作ってみたい」と思わせることが大切です。特に使用する色には注意が必要です。赤や緑、黄色など食材や料理に近い色を基準に使用し、食材としてほとんど存在しないことから食欲を刺激しない青系の色は使用しない方が良いでしょう。

　料理の写真を全面に使用する場合は、**タイトル文字が読みやすいように背景に色帯を敷くなどの調整を行います。このとき、背景の色帯の不透明度を下げて写真が透けて見えるようにしておくと、文字エリアの圧**

青系の色は料理を美味しく見せる色としては不向き。また文字エリアの背景を不透明にしてしまうと、料理写真が隠れて圧迫感が生じてしまいます。

迫感が弱くなります。また内側に囲み罫を加えると（P.50参照）、写真の料理部分に視線を集中させることができます。

外食グルメ系動画のサムネイルデザイン

> **Design Point** 複数画像を使い、タイトル文字は読みやすく処理

　外食グルメ系の動画サムネイルで複数の店舗を紹介するときには、**動画から数種類の画像を切り出して見せることで、多くの店舗情報が動画内に含まれていることを訴求することができます。**画像の数は4〜6枚程度に収めると良いでしょう。

　また複数の写真画像の勢いに負けないように、タイトル文字にもデザイン処理を加えます。縦組みと横組みを組み合わせたり（P.80参照）、文字をロゴ化して見せたりする（P.84参照）など、強い印象を与えるようなレイアウトに構成します。縁取りをしたり周囲にぼかしを加えたりするなど、画像の上に

写真画像の印象が強いときには、横組みで文字をレイアウトするだけではタイトルとしての印象は弱くなります。また縁取りなどの処理をしていないと、文字は読みにくくなってしまいます。

置いても文字の可読性が保たれるように調整して仕上げます。

飲食店紹介動画のサムネイルデザイン

Design Point 料理ではなく、特徴的な場所の写真画像を主役に

料理ではなく、飲食店が持つイメージや雰囲気を感じてもらいたい動画では、サムネイルでもより強くそのイメージを訴求する必要があります。**飲食店をテーマにしていても、料理ではなく店舗の内容や外観など特徴的な場所の写真画像を主役として使用しましょう。**三分割構図（P.40参照）や縁取り（P.50参照）などデザイン処理を感じさせるレイアウトにすると、見る側の期待感をあおることができます。

手書き風フォントで「エモく」したり（P.132参照）、線と塗りをずらして軽快なタッチにする（P.120参照）など、タイトル文字もデザ

手書きタッチの文字はエモさと同時に旬なイメージを訴求することもできます。シンプルなゴシック体では、同じレイアウトでも「今」らしさを出すことができません。

イン性の高い外観にすることで、「こだわりの強さ」を演出できるでしょう。

ショップ紹介動画のサムネイルデザイン

▶Design Point 店舗自体の魅力が伝わるようにシンプルに構成

オンラインショップを持たない小売店が動画を公開する目的は、多くの顧客を店舗に誘導することです。取り扱っている商品はもちろん、店舗自体の魅力も動画で伝えることが大切です。サムネイル画像もその店舗の最も魅力のあるポイントで撮影した画像を使用し、実際に「行ってみたい」と思ってもらえるように構成します。

店舗の魅力が十分に伝わるように、縁取りなどのタイトル文字の加工は抑えめにして写真の印象を強く押し出します。レイアウトも日の丸構図（P.36参照）などシンプルな構成が適しています。半透明の囲み罫や

囲み罫が追加されていない写真は、全体の印象は弱くなってしまいます。

飾り罫（P.50参照）を追加すれば、写真の外観を損ねずに印象を強めることができるでしょう。

教室（趣味・習い事）系動画の
サムネイルデザイン

`Design Point` レイアウトをフォーマット化してシリーズ感を強める

　技術を教えるレッスンや授業のような「教室」系の動画は、**複数回を配信する場合が多いでしょう。一目で同じシリーズであることがわかるように、動画サムネイルはレイアウトをフォーマット化することを推奨します。** 二分割構図（P.38参照）や阿吽型構図（P.42参照）など特徴的な構図をフォーマットとすることで、1つの動画を閲覧したユーザーに訴求することができます。

　フォーマットとしての印象を強固にするために、使用する写真は切り抜きだけにするなど配置する要素のデザイン処理も統一します。またコントラストが強い色でそれぞれ

分割構図などのレイアウトの特徴がないと、サムネイル同士の共通点は見つかりにくくなってしまいます。シリーズとしての動画の訴求が弱くなるでしょう。

の要素の境界がはっきりとわかるように構成すると、レイアウトの特徴が記憶に残りやすくなるでしょう。

教室（ビジネスユース）」系動画の
サムネイルデザイン

Design Point ビジネスを想起させる外観の講師の写真画像を掲載

　前項と同様に、ビジネスユースでも「教室」系動画サムネイルは同一のシリーズであることをアピールしましょう。**コントラストを意識した明解なフォーマットに沿ってレイアウトし、見る側に同じシリーズの動画が複数あることを訴求します。**同一フォーマットで展開することで、計画的に配信されていることもアピールすることができます。

　またスーツなどビジネスを想起させる外観の講師を使った写真画像を掲載すると信頼性が増します。この際、何かを指差すようなポーズは、面積が限られるサムネイル画像では文字エリアを圧迫してしまう場合が

人物の背景が1色のベタ塗りでは、レイアウトフォーマットとしての統一感を出すことが難しくなります。また、指を刺している人物のポーズは横幅を広く取るため、重ならないように文字を入れる際に文字が小さくなってしまう場合があります。

あります。横幅が広がり過ぎないようなポーズの写真画像を用意すると良いでしょう。

企業（企業紹介・業界向け）の
サムネイルデザイン

❯❯Design Point❯❯　背景画像の明度を下げる

　企業紹介の動画サムネイルでは、その**企業のサービス理念や姿勢を端的に示したキャッチコピーで人の目を強く引きつけると効果的です**。提供している商品やサービス、または企業で働く人々の姿がわかるような写真画像を背景に使用し、最前面の中央に日の丸構図（P.36参照）で強調したいコピーを掲載します。

　このとき背景の写真画像をモノクロにして明度を下げると、キャッチコピーの存在感を強めることができます。鮮やかな色は文字の存在感を強められますが、企業のイメージカラーから離れる場合があります。背景

キャッチコピーの印象を強くするために文字の色を変更してしまうと、企業のイメージが軽く安っぽい印象になってしまいます。

の明度を下げることで、企業としてのイメージを変えることなく白色の文字でも印象を強くすることができます。

720 pixel × 300 pixel

160 pixel × 600 pixel

240 pixel × 400 pixel

300 pixel × 250 pixel

320 pixel × 50 pixel

誘導バナーでは「動画を見る」のようなクリックを促すための要素を追加します。小サイズバナーではロゴマークの背景は単色で構成し、コントラストを強めて可読性を上げておきます。

企業（企業紹介・リクルート向け）の
サムネイルデザイン

▶ Design Point 水平・垂直の境界が判別しやすいレイアウト

　採用目的での企業紹介動画のサムネイルは、企業としての信頼性とともに明るく軽快な印象を訴求します。ロールモデル社員の写真画像は、共感を呼びやすいイメージに仕上げることができます。ただし、多くの人物のイメージを挿入し過ぎると、個人が埋もれて企業の駒のような印象になってしまう場合もあるため、注意が必要です。

　レイアウトは水平・垂直の境界がくっきりと判別しやすいようにすると、信頼性の高い印象を強めることができます。

　キャッチコピーは、企業の魅力を伝えて親近感を与えるような柔らかい印象のフォン

人の印象を強めるために多くの社員の画像を入れ込んでしまうと、「人」としての印象が薄くなる場合があります。

トを使用します。業種にもよりますが、文字のウエイトも太くなり過ぎない方が親しみやすさにつながります。

720 pixel × 300 pixel

160 pixel × 600 pixel

240 pixel × 400 pixel

300 pixel × 250 pixel

320 pixel × 50 pixel

クリックを促すための「動画で公開中！」の文字をキャッチコピーの近くにレイアウトすることで、文字エリアがひとつのカタマリとして見えるように構成しています。

学校紹介のサムネイルデザイン

> **Design Point** 学生向け・保護者向けで色の使い方が変わる

　高校や中学校などの公式チャンネルの動画サムネイルは、主なターゲットを学生にするか保護者にするかでデザインのアプローチが異なります。

　学生をターゲットにしている場合は、色相の異なるさまざまな色を取り入れてカラフルにすると、全体の印象が明るく楽しいイメージなります。多数の色味があってもそれぞれの色の彩度を揃えることで、全体の印象がちぐはぐになりません（P.68参照）。またカラフルな色味は狭い面積の領域だけに使用してアクセントにすると、全体の印象が派手になり過ぎることもありません。

色数を抑えて使用する色の彩度も下げると、楽しさや明るいイメージからは離れてしまいます。安定した印象が強くなり、保護者をターゲットとした構成になります。

　逆に保護者をターゲットにする場合は、色数や彩度を抑えて安定感を出します。

720 pixel × 300 pixel

160 pixel × 600 pixel

240 pixel × 400 pixel

300 pixel × 250 pixel

320 pixel × 50 pixel

縦位置のバナーではアルファベットを縦方向にランダムに構成して、ロゴタイプのように見せて明るいイメージを強調しています。

イベントのサムネイルデザイン

Design Point　どんなイメージでもタイトルは絶対に目立たせる

　イベントの様子を公開する動画サムネイルでは、そのイベントのイメージに合っているかどうかが重要です。年齢や趣向などが限られた層に向けたイベントなら、誰にでも好かれるようなイメージは逆に敬遠されるので、マニアックなイメージやアングラ感を強く押し出した方が、ターゲットとする層に届きやすくなります。

　わかりやすさを訴求しないデザインでも、タイトルを引き立たせるような工夫は必要です。 見せたい場所にスポットライトが当たっているような効果（P.34参照）を加えるなど、イベント名や参加者などアピールした

タイトルエリアも含めた画面全体が暗いイメージになってしまい、文字の視認性が低くなっています。部分的に背景画像の色を明るくして目を引くようにするなど、タイトルエリアが引き立つような調整が必要です。

い情報がはっきりと判別できるように構成すると良いでしょう。

720 pixel × 300 pixel

160 pixel × 600 pixel

240 pixel × 400 pixel

300 pixel × 250 pixel

320 pixel × 50 pixel

動画へ誘導するための文言は手書き風の
フォントを英字で挿入し、全体のイメージに
なじむように構成しています。小サイズバナー
では最小限の文言に省略し、文字が小さく
なり過ぎないようにします。

セミナーのサムネイルデザイン

Design Point 硬さを少し残しつつ、明るく軽い雰囲気に

　金融や経済などビジネス系のセミナーは堅苦しいイメージになりがちですが、**ターゲットによっては硬さを少し崩したイメージにした方が多くの人の目に留まりやすくなります。**とはいえ手書きタッチのタイトル文字やイラストでは柔らかくなり過ぎてしまう場合、背景に適度にパターンを追加すると、全体の印象を崩し過ぎずに軽快なイメージを追加することができます（P.96参照）。

　タイトル文字に斜体をかけてアクセントにし（P.86参照）、文字の傾きに合わせた角度のストライプのパターンを背景に挿入すると、硬質な印象をある程度残したままで、全体

ストライプのパターンを入れていないだけで、全体の印象が少し弱くなってしまいます。

のイメージを明るく軽い雰囲気にアレンジすることができます。

720 pixel × 300 pixel

160 pixel × 600 pixel

240 pixel × 400 pixel

300 pixel × 250 pixel

320 pixel × 50 pixel

ストライプパターンイメージをさまざまなサイズに展開するときには、どのバナーでも同じイメージに見えるように、パターンの倍率や角度も微調整します。

キャンペーンのサムネイルデザイン

Design Point **写真を使わない場合は構図を工夫する**

商品やサービスの写真要素がない**文字だけで構成するキャンペーン告知画像は、レイアウトに工夫を加えて単調に見えないように構成します。**

シンメトリー（左右または上下が対称）な構成や日の丸構図ではなく、阿吽型構図（P.42参照）や三分割構図（P.40参照）など視覚的に変化のあるレイアウトにすると、印象を強くすることができます。

また罫線を加えたり（P.50参照）、イラスト要素にシャドウ（Adobe Photoshopなどのアプリケーションでは「ドロップシャドウ」という機能名）を加えたりするなど、奥行き

シンプルに見せたいなど特別な理由がない場合、写真画像がないサムネイル画像では、文字だけのシンメトリー構図は退屈な印象になってしまいます。

を感じさせるような構成も全体の印象に深みを与え、文字だけの構成でも物語性のある画像に仕上げることができるでしょう。

720 pixel × 300 pixel

300 pixel × 250 pixel

240 pixel × 400 pixel

320 pixel × 50 pixel

160 pixel × 600 pixel

小サイズのバナーでは要素に合わせて行数を調整して構成します。サブコピーの英字は2列組みで小さく、メインコピー「ポイント10倍キャンペーン」の文字は1列にして大きく読みやすくします。

ファッション系セールのサムネイルデザイン

Design Point **人物ではなくファッションに注目させる**

　ファッション系の動画サムネイルは、**どのような写真画像を使用するかにこだわりましょう。写真画像の全体イメージが「こうなりたい」と思わせるものであるかどうかを重要視します。**人物モデルを使用した写真では顔の表情をトリミングで隠すなどの調整を行うと、注意の対象が人物に行かずファッションそのものを訴求することができます（P.54参照）。

　また、似ているポーズの写真を複数使用する場合は、モデルの進行方向を同じ向きに揃えると全体がまとまります。さらに使用している写真画像がより魅力的に見えるよ

モデルの表情が見える状態にすると、見る側の視線はそれぞれのファッションよりも人物の顔に引き付けられてしまいます。また、縁取りがないと、全体の印象が弱くなります。

うに、縁取りをするなどのアレンジを加えると良いでしょう（P.50参照）。

720 pixel × 300 pixel

160 pixel × 600 pixel

240 pixel × 400 pixel

300 pixel × 250 pixel

320 pixel × 50 pixel

サイズの異なるバナーに展開する際も、掲
載する写真は動画サムネールの構成を踏襲
して写真をトリミングします。小サイズバナー
では、文字が判読できるように写真のエリ
アは小さく取ります。

展示会のサムネイルデザイン

▶Design Point　余白を多めにして堅苦しさを和らげる

　展示会を紹介する動画のサムネイルでは、特に主催側からの情報発信の場合、遊びの要素を入れることが難しく、堅苦しく重いイメージなりがちです。タイトル文字のフォントで楽しさを演出することもできないときには、余白を多めに取るようにすると全体の印象が和らぎます。**文字のエリアと無地のエリアが分かれるようにレイアウトすると、硬い印象を保ちながらもどこか緊張感が和らいだイメージにまとまります。**

　また罫線を複数繰り返し配置することで、リズミカルな印象をプラスしても良いでしょう（P.106参照）。細く半透明の罫線を使用

硬い印象のあるゴシック体のタイトル文字を領域のほぼ全面にレイアウトしてしまうと、全体の印象が堅苦しく重くなってしまいます。展示会の印象も面白みがないように感じさせてしまうでしょう。

すると、線により強い印象が補強されてしまうことを防ぐことができます。

720 pixel × 300 pixel

160 pixel × 600 pixel

240 pixel × 400 pixel

300 pixel × 250 pixel

320 pixel × 50 pixel

サイズ展開するバナーでは、動画のタイトルである「見どころレポート」を誘導コピーとして使用します。縦位置のバナーではアルファベットも縦組みで構成します。

商品紹介のサムネイルデザイン

Design Point コントラストを強くして、テキストでレイアウトする

　商品紹介動画のサムネイルは、その商品に興味を持ってもらえるようなキャッチフレーズや商品の特徴をテキストでレイアウトして作り込みます。

　ただし、文字要素が多くなると全体の印象がぼんやりしてしまう場合がありますから注意が必要です。**コントラストの強い色を背景に使用して対比させるなど、強いアクセントになる要素を作ると画面の印象が引き締まります**（P.66参照）。

　縦組みのバナーなどレイアウトを大きく変える必要がある場合も、色面を対比させてコントラストを強めることを意識して構成

文字要素が多い場合は、写真画像にそのまま重ね合わせるだけでは視線が安定せずに全体の印象がぼんやりしたものになってしまいます。

すれば、全体の印象を変えずにバリエーション展開できるでしょう。

Aspect Variations

720 pixel × 300 pixel

160 pixel × 600 pixel

240 pixel × 400 pixel

300 pixel × 250 pixel

320 pixel × 50 pixel

動画のサムネイル画像が黒／オレンジ／白／写真画像の境界をアクセントにした構成なので、サイズ展開バナーでも同様に色の境界が目立つように構成します。

書籍紹介のサムネイルデザイン

▶ **Design Point** ▶ キャッチコピーの背面に放射線状の色帯を

　書籍を紹介する動画のサムネイルでは、書店で見つけてもらいやすいように必ず書影（表紙画像）を入れます。サムネイル画像は面積が限られていますから、目次などの内容を入れるスペースはなかなか確保できません。特にビジネス系の書籍では、内容紹介ではなくこの本を読むことでどのようなメリットがあるのかを端的に分かりやすくキャッチコピーでアピールします。**書影の印象が強くなるように、書影の位置を中心とした放射線状の色帯をコピーの背面に置いても良いでしょう。**

　バナーとしてサイズ展開するとき、小さい

書影とキャッチコピーを水平垂直なラインに合わせて配置した状態は、全体の迫力に乏しくどちらもあまり印象に残りません。

サイズのバナーでは書影のタイトル文字は判読できない状態になりますので、読みやすいテキストで入れましょう。

720 pixel × 300 pixel

160 pixel × 600 pixel

240 pixel × 400 pixel

300 pixel × 250 pixel

320 pixel × 50 pixel

動画のサムネイル画像で使用している放射状の要素をバナーでもそのまま使用します。放射状のラインで視線を集める位置に、書影とともにクリックを誘導する文言を入れて目立たせています。

観光地紹介のサムネイルデザイン

▷**Design Point** その観光地の写真を魅力的に見せる

　観光地を紹介する動画のサムネイルでは、写真画像を魅力的に見せることを最優先にします。複数の写真を掲載する場合は、それぞれの内容がはっきりと判別できるように3〜4枚程度までが良いでしょう。

　1枚の画像をもとに構成するときは、三分割構図（P.40参照）など定番の構図で被写体が映えるように構成します。食べ歩きなど特別なテーマに沿った動画でなければアオリとしてのキャッチコピーも入れず、タイトル周りもシンプルなデザインにすると、より写真が引き立ちます。アクセントとしてタイトルの英訳を手書きタッチの文字で入れ込

構図が中途半端な状態になっていると、写真の魅力が半減します。また引き付けるためのキャッチコピーを追加したことで、写真の魅力が大きく低下し、逆に魅力のないイメージになってしまいます。

むと「エモさ」が加わり（P.82参照）、さらに見る側の感情に訴えるイメージになります。

720 pixel × 300 pixel

300 pixel × 250 pixel

240 pixel × 400 pixel

320 pixel × 50 pixel

160 pixel × 600 pixel

サイズ展開するバナーでも、観光地紹介では写真の美しさが引き立つように構成します。建造物など、特徴的な要素が含まれている写真を選択していると、面積が狭いバナーでも統一したイメージを訴求しやすくなります。

依頼に応えるデザインの作り方

自分で制作・公開する動画のためのサムネイルではなく、企業や学校などほかの誰かに依頼されてサムネイル画像を制作するときには、制作過程に依頼主の確認・承認を得るステップが加わります。

依頼された画像の制作では、デザインの目的やコンセプト、ターゲットとする層などの情報をあらかじめ明確にテキストとして用意しておくことをおすすめします。依頼主にデザインを確認してもらう際にこのテキストも同時に提示すると、デザインの意図を説明しやすくなります。また修正が必要な際には、どこに齟齬があったのかも容易に確認できるでしょう。

依頼された制作では、画像を構成する要素のそれぞれで「なぜこうしたのか」を説明できることがより重要になります。どのような目的があって動画からこのシーンを切り出したのか、配色の基準は何か、なぜ使用したフォントを選んだのかなど、訴求したいイメージに合わせるためのデザインであることをわかりやすく説明できるような準備も必要です。

こうした理由付けを考えながらデザインを構成することで、制作する画像はより完成度がアップします。依頼に応えてデザインを制作することは、デザインの力量を上げるという面でもとても貴重な機会です。

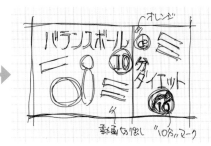

デザインの目的やコンセプト、ターゲットとする層などの情報をテキストとして用意します。

ラフスケッチを描きます。

指摘された箇所を修正して完成です。

プロトタイプを提出します（→依頼主からの修正依頼）。

Appendix

おすすめ情報

おすすめ フォントサイトと フォントの特徴

フォントには有料と無料（フリーフォント）がある

　P.90のコラム「フォントファミリーと和欧混植」でも解説しましたが、デザインイメージに合わせて最適なフォントを選択するには、さまざまなフォントのデザイン種類を知っている必要があります。使用できるフォントの種類を増やすには、フォントデータを購入したりサブスクリプションで契約したりするなどの形で利用できる有料フォントのほか、無料で配布されているフォントデータをダウンロードして使用する方法もあります。有料・無料それぞれの代表的なフォントサイトを紹介します。

　フォントによっては商用利用の可否が定められている場合があります。利用する際には、それぞれのフォントサイトの規約に従ってください。

代表的な有料フォントサイト

Morisawa Fonts
https://morisawafonts.com/

LETS（プロ向け）
https://lets.fontworks.co.jp/

mojimo（ビギナー、アマチュア、セミプロ向け）
https://mojimo.jp/

Adobe Fonts
https://fonts.adobe.com

代表的な無料フォントサイト

フロップデザイン
https://www.flopdesign.com/

日本語フォント

角ゴシック体

文字を構成する縦横線に基本的に太さの差がなく、普遍的な印象からさまざまなデザインイメージに合わせやすいフォントデザインです。ウエイトの異なるフォントを用意しておくと便利です（P.30、P.38、P.64など）。

明朝体

文字を構成する縦線・横線の太さに差があり、筆で文字を描いたときの留めやはねなどの形状を残したデザインから、和風のクラシカルなイメージを持つフォントデザインです（P.42、P.44、P.54など）。

丸ゴシック体

ゴシック体の中でも、文字を構成する線の端に角丸処理がされているデザインのフォントを丸ゴシックと呼んでいます。柔らかさや親しみやすさ、暖かさを表現したいときに適しています（P.32、P.86、P.114など）。

POP書体

スーパーマーケットなどで商品のPOPに使用されている、ゴシック体をベースに親しみやすくアレンジしたフォントです。楽しく軽快なイメージ、明るい印象を出したいときに利用したいフォントデザインです。

手書き風フォント

さまざまな種類の手書き風フォントがあります。インクで粗く書いたようなものや少女が書いた丸文字のようなかわいらしいデザインなど、アクセントとして利用するとエモい印象を出すことができます（P.82、P.83、P.132など）。

装飾系（縁取りなど）

輪郭線で構成された袋文字やシャドウが追加された装飾系のデザインフォントも数多くの種類があります。特に袋文字のフォントは、写真に文字を重ねることが多いサムネイル画像に適しています（P.59、P.151など）。

毛筆フォント

毛筆で書いたようなタッチのデザインフォントもいろいろな種類があります。和の印象でまとめたいときや、インバウンド向けに「日本」を強調した画像を作りたいときなどに利用すると良いでしょう。

UDフォント

UDとは「ユニバーサルデザイン」のことで、多様な方々の視認性や可読性に配慮してデザインされています。より多くの人に情報を届けたいときや読み間違いを防ぎたい場合などに効果を発揮するフォントです（P.95、P.127など）。

欧文フォント

Serif

日本語の明朝体のように文字を構成する縦横線の太さが異なり、文字の端に「セリフ」と呼ばれる飾りがあるフォントデザインです。クラシカルな印象を出したいときに適しています（P.37、P.113など）。

Sans-serif

「サンセリフ」＝「セリフがない」という意味で、文字の端に飾りがないデザインになります。日本語のゴシック体のように文字を構成する縦横線が基本的には均等で、シンプルで先進性のあるデザインです（P.79、P.95など）。

Script

「スクリプト」は日本語の手書きフォントのように、実際にペンで書いた筆跡、筆記体のように見えるデザインフォントです。典雅なイメージのデザインがあるほか、ラフな印象のフォントもあります。（P.45、P.83など）

おすすめ画像サイト・画像の種類と特徴

デザイン用素材にも有料と無料がある

　デザイン用素材として動画以外の要素を使用したいときは、画像素材のダウンロードサイトを利用しても良いでしょう。必要な画像を1枚ずつ購入したり月額で決まった枚数の画像をダウンロードしたりできる有料サイトのほか、ユーザー登録をすれば無料でダウンロードできるサイトもあります。ただし無料の場合は商用利用が制限されている場合もあるので、使用規程は事前にしっかり確認して利用しましょう。

　なお、画像素材サイトでは写真画像やイラストなどの静止画だけではなく、動画の販売を行っているサービスがあります。サムネイルのデザインだけでなく、動画コンテンツ本体の制作にも役立つ素材が豊富に用意されているので活用してみましょう。

代表的な有料画像素材サイト

PIXTA
https://pixta.jp/

iStock
https://www.istockphoto.com/jp/

Adobe Stock
https://stock.adobe.com/jp/

代表的な無料画像素材サイト

「写真AC」
https://www.photo-ac.com/

「ぱくたそ」
https://www.pakutaso.com/

写真の画像データはレイアウトに合わせて選ぶ

　写真画像を選ぶときは、ラフスケッチで検討しているレイアウトに合わせて選択します。特に、タイトル文字を入れる場所をどこにするかを考慮し、コピースペースのある素材を選ぶと失敗しません。一枚の画像として美しくまとまっていても、タイトルやキャッチコピーを入れたときにどのように見えるかを考えて選択します。

コピースペースを意識した写真画像

イラストにはビットマップとベクターの2種類がある

　画像サイトではイラスト素材も入手することができます。イラスト素材はビットマップデータとベクターデータの2種類があり、ビットマップデータは写真画像のようにドットの集合で構成されたデータです。3Dイメージや手描きタッチなどはビットマップデータの場合が多いでしょう。サイズを大幅に拡大すると画像が粗くなる場合があります。

ビットマップデータのイラスト画像

ベクターデータの使い方

　ベクターデータはビットマップデータと異なり、サイズを大きく拡大したり変形しても外観が崩れない利点があります。またAdobe Illustratorなどの専用ソフトを利用すれば、部分的に色を変えたり絵柄を微調整するなどの編集も容易に行えます(配布されている素材によっては編集が制限されている場合もあります)。

ベクターデータのイラスト画像

おすすめ
アイデアサイト

デザインアイデアを紹介するサイト

　無からデザインを生み出せる天才デザイナーを除き、デザインアイデアのバリエーションの多さは、どれだけ多くのデザインを見てきたか、これまでの蓄積だと筆者は思っています。

　デザインアイデアを紹介するサイトは「サムネイルデザイン」というキーワードで検索できます。多くのサムネイル画像を見て、さまざまなデザインパターンを知り（＝インプット）、表現したいデザインイメージや自身の経験値からのアイデアで自分なりのデザインにまとめ上げる（＝アウトプット）。精度を上げながらこれを繰り返すことが大切です。

　サムネイルに限らず、たくさんのデザインを見ることがデザインアイデアのバリエーションを増やすことにつながります。

　なお、「Adobe Express」というサービスがあります（https://express.adobe.com/ja-JP/sp）。ロゴやチラシ、ポスターなど制作物の用途ごとにデザインがカテゴリー分けされており、その中で「YouTubeサムネイル」「Instagramストーリー」など、動画投稿サイトごとにサムネイルデザインのテンプレートが用意されています。無料プランと有料のプレミアムプランがありますが、無料プランでも数多くのテンプレートを利用することができます。

　本書を読んだ上で、デザインアイデアを紹介するサイトやAdobe Expressのサムネイルテンプレートを改めて見ると、構図やデザイン意図がくみ取れるなど、見方が変わるのではないでしょうか。

配色パターンを紹介するサイト

　配色に迷ったときには、配色パターンを紹介するWebサイトを利用してみましょう。「**Adobe Color**」では「テーマを抽出」というページ（https://color.adobe.com/ja/create/image）に画像をアップロードすると、画像で使われている色が抽出されます。その状態で「カラーホイール」（https://color.adobe.com/ja/create/color-wheel）というページに切り替え ると、抽出した色をベースカラーにしてキャッチコピーに使う補色（P.67参照）などを見つけることができます。

「カラーホイール」とはP.67で解説した色相環のことです。

ロゴデザインの参考になるサイト

　ロゴデザインを集めた海外発信のサイトは多くありますが、「**ロゴストック**」（https://logostock.jp/）は日本で公開されているロゴを集めたサイトです。それぞれのロゴの制作コンセプトなども詳細に公開されていて、デザイン視点の参考にもなるでしょう。

「**ロゴストック**」
https://logostock.jp/

ヒットしている動画のサムネイルを見る

　動画のサムネイルの基本と言えばやはり、「**YouTube**」でしょう。再生回数や登録者数が多いチャンネルの動画サムネイルを見ることも、デザインアイデアの参考になります。自分が作りたいジャンルやテーマの一覧画面で、どのサムネイルに自然と目が引きつけられるか、意識しながらサイトを見ることをおすすめします。

　そして、どの部分に目が引きつけられたかを分析し、自分のデザインに落とし込んでみましょう。目立って見えたサムネイルの構図、配色、文字、画像の使い方など、「いいな！」と思ったところがあれば、本書の該当するページを読み直してください。デザインの基本を理解すれば、思うようなサムネイルが作れるようになるはずです。

おすすめ書籍

デザインアイデアの参考になる書籍

　デザインに関する基本的なセオリーを知ることも、デザインアイデアを豊富に持つためには有効です。そのためには書籍の情報も参考になるでしょう。拙書『やさしいデザインの教科書［改訂版］』では、「デザイン」自体にあまりなじみがない方にもわかりやすいようにデザインの基本的な部分を解説していますので、参考にしていただければ嬉しいです。

　そのほか下記に紹介するような書籍を本書と併せて読んでいただくことで、アイデアの「引き出し」が増えるでしょう。

『やさしいデザインの教科書［改訂版］』（瀧上園枝 著／エムディエヌコーポレーション）

『ノンデザイナーズ・デザインブック［第4版］』（Robin Williams 著／マイナビ出版）

『なるほどデザイン〈目で見て楽しむ新しいデザインの本。〉』（筒井美希 著／エムディエヌコーポレーション）

『けっきょく、よはく。余白を活かしたデザインレイアウトの本』（ingectar-e 著／ソシム）

配色パターンの参考になる書籍

「色」に関することを体系的に学び、実際の配色として生かすことができるのが、専門の書籍の強みです。色の組み合わせを眺めるだけではなく、その色にどのようなイメージが紐づけられているのかを深く知ることができます。特に書籍では、デザイン実例と合わせて配色を確認できる内容のものをおすすめします。

『配色デザイン良質見本帳 イメージで探せて、すぐに使えるアイデア集』
（たじまちはる 著／SBクリエイティブ）

『やさしい配色の教科書[改訂版]』
（柘植ヒロポン 著／エムディエヌコーポレーション）

フォント選びの参考になる書籍

『タイポグラフィの基本ルール ―プロに学ぶ、一生枯れない永久不滅テクニック―』は、実際にどのフォントをどのようにレイアウトすれば表現したいイメージを演出できるのか、作例をもとにわかりやすく解説されています。フォント選びのほか、文字間や行間など文字組みをする上での基本的な情報も学べる一冊です。

『タイポグラフィの基本ルール ―プロに学ぶ、一生枯れない永久不滅テクニック―』
（大崎善治 著／SBクリエイティブ）

『ほんとに、フォント。フォントを活かしたデザインレイアウトの本』
（ingectar-e著）／ソシム）

アプリケーションを習得できる書籍

頭の中にあるイメージを実際に形にするには、デザインツールを十分に利用できることも必要です。サムネイル画像制作では、特に写真画像を自在に加工できるAdobe Photoshopの利用を推奨します。同アプリケーションを利用している方は、活用するための書籍も本書と併せて読んでおくと良いでしょう。

『Webデザインのための Photoshop+Illustratorテクニック』
（瀧上園枝 著／エクスナレッジ）

『Photoshop よくばり入門 CC対応』
（senatsu 著／インプレス）

索引

著者

瀧上 園枝（たきがみ そのえ）

グラフィックデザイナー。有限会社シアン代表取締役。印刷物や PC / スマートフォン等各端末向けウェブサイトなどグラフィックデザインワーク全般を担当。

主な著書に『Web デザインのための Photoshop+Illustrator テクニック』（エクスナレッジ）、『やさしいデザインの教科書［改訂版］』（エムディエヌコーポレーション）、『Illustrator デザインの教科書』『プロがこっそり教える Illustrator 極上テクニック』（マイナビ出版）など。

https://www.cyan.co.jp/

Staff

企画	谷村康弘（Hobby JAPAN）
ブックデザイン	宮下裕一（imagecabinet）
編集・レイアウト	園田省吾（AIRE Design）

サムネイルデザインのきほん

伝える、目立たせるためのアイデア

2023 年 3 月 31 日　初版発行

著　者	瀧上園枝
発行人	松下大介
発行所	株式会社ホビージャパン
	〒 151-0053 東京都渋谷区代々木 2-15-8
	TEL 03-5354-7403（編集）
	FAX 03-5304-9112（営業）
印刷所	シナノ印刷株式会社